孩子们看得懂的科学经典

万物简史

3 瑰丽的科学

徐国庆 编著
高 帆 绘

北京理工大学出版社
BEIJING INSTITUTE OF TECHNOLOGY PRESS

前言

亲爱的小读者，这次我们要一起来读的书是《万物简史》。《万物简史》可是一本超级有名的科普读物，美国作家比尔·布莱森用他那既通俗易懂又引人入胜的写作手法，给人们介绍了许许多多有趣的科学故事——当然，还有那些赫赫有名的大科学家，以及他们不曾被教科书所讲述的另一面。为了让小读者们更清楚、更轻松、更有兴趣地掌握《万物简史》中的知识，我们将这本了不起的通识读物分成了《宇宙与地球》《怒放的生命》和《瑰丽的科学》三个分册。当你用心阅读完这三本书时，我相信你一定会对自我、对人类、对我们所生活的世界产生不一样的感悟！

第一册是《宇宙与地球》，顾名思义，这本书要讲的就是宇宙和地球的演化过程——这可是一段相当惊心动魄的历史哦！不要担心会遇到那些搞不明白的学术名词，我们保留了原作那幽默诙谐、通俗易懂的描述，为小读者们准备了一顿有趣、轻松又丰富的知识大餐。在这本书中，我们可以了解到：广阔的宇宙起源于一个小到不起眼儿的奇点；地球其实一点儿也不安全，有无数个小行星在伺机撞击它；人类曾经在地球上钻了很多个洞，但至今也没能钻到地心；而生活着无数野生动物的黄石国家公园，竟然是一座随时都有可能爆发的活火山！

相信你一定曾思考过：地球上的生命是如何从无到有的？为什么会有数不清的动物湮（yān）灭在历史的长河中？化石是怎样形成的，又是怎样被人们发现的？猴子真的是人类的祖先吗？我们为什么总是能发现新的生物？不要着急，在第二册《怒放的生命》中，这些问题都将一一得到解答。通过这本书，我们将会与复杂多变的生命进行深刻的对话，去探索生命之所以能存在的种种秘密，梳理不同生物的演化历史，并思索包括你与我在内的人类的未来。

在第三册《瑰丽的科学》中，我们将会一起来回顾人类科学史上那些伟大与奇妙的时刻。你能想象得到吗？门捷列夫竟然是从扑克牌游戏中找到了创造元素周期表的灵感；牛顿实际上把他一生中的大部分时间都献给了炼金术；磷这种化学元素最早是从人的尿液中提炼出来的；在发现放射性元素时，人们根本没想到它们的射线会如此危险，还将它们用于制造牙膏、化妆品、玩具，甚至是巧克力！

好了，剧透到此为止，让我们期待一下更加精彩的正文吧！总之，这套书就是要把复杂的知识化繁为简，用简练明了的语言来告诉小读者们——科学充满了意想不到的魅力！当然，科学绝不是冷冰冰的，而是温暖的、智慧的、充满怜悯的。在《万物简史》中，比尔·布莱森表达了自己对生命、自然以及世界的热爱，也反思着人类对大自然以及其他生灵造成的伤害。科学的进步绝不能伴随着人类的狂妄自大，不能以牺牲我们的家园为代价。现在，翻开书，与我一起开启这场奇妙又欢乐的科学之旅，让我们踩着伟大的科学家们的肩膀，看向更广阔、更遥远的未来！

目录

自然史

翻开这一页，
与比尔·布莱
森一起开启
科学之旅吧！
白磷
P_4

到处都是原子

原子是什么呢？了不起的物理学家理查德·费曼曾说过：“一切东西都是由原子构成的。”你的身体是原子，你看到的沙发、墙壁和桌子是原子，你看不到的空气也是原子。原子虽然非常渺小，但无处不在，无时不在，它们的数量庞大到数也数不清，用也用不完！这一章，我们就来说一说关于原子的二三事。

非常小，数量多

原子是一种微小而神秘的东西。当你四下观望时，会发现原子与这个世界有着千丝万缕的联系，不管是吃的喝的，还是穿的用的，这些都是由不计其数的原子组成的。实际上，原子组成了世界上的一切，包括地球上的生命，比如你和我。

你知道吗，就算是 50 万个原子排成一排，人的一根头发也能把它们全部遮住——原子就是这么小，小到我们难以想象！不过，我们不妨还是来试一下：找一根 1 毫米的线，把它平均分成 1000 段，每一段的宽度都是 1 微米；然后从中再取出一段，继续平均分成 10000 段——好了，现在差不多了，1 个原子大约有 1 毫米的一千万分之一那么大！

由于一个原子实在是太小了，所以这个世界必须要有足够多的原子才能行。实际上，原子的数量真的多到我们数也数不完！有人推算过，我们每个人的身上都有多达 10 亿个原子！然而，化学家往往更喜欢用分子来考虑问题和计算结果，而一个分子就是两个或两个以上在一起工作的原子。在处于海平面的海拔高度，以及零摄氏度的情况下，1 立方厘米的空气可以塞进大约 4500 亿亿个分子——那么，现在轮到你开动脑筋了，这么广阔的一个宇宙究竟需要多少个原子才能填满呢？

原子的寿命极长

原子的寿命非常长，长到它可以在宇宙里四处游荡。实际上，我们身上的每个原子都有过一段非常漫长的旅行，它们穿越过几颗恒星，组成过几百万个生物，最后来到了我们的身体里面。这让我不禁去想象，这些原子或许曾属于贝多芬、成吉思汗或者其他声名显赫的历史人物——因为原子要花差不多几十年的时间才能彻底地重新分配，所以想要活着的人身上的原子是不可能的。试想一下，当年组成莎士比亚的那 10 亿个原子，现在有多少会在你的身上呢？

这些数目庞大的原子一直尽职尽责地守护着我们，并且只

要我们还存在，哪怕是仅仅一秒，它们都会一直拼命地工作下去。然而，当我们的生命结束后，这些原子又会静悄悄地四散而去，为自己寻找新的用武之地。届时，它们将会重新变成别的东西，比如一滴露水或者一片树叶。没人知道一个原子究竟需要多长时间才会消失不见，也许是几十亿年（马丁·里斯认为是大约 1035 年），也许它将永远存在于天地之间。总之，对于长寿的原子来说，人类的一生真是太短暂了。

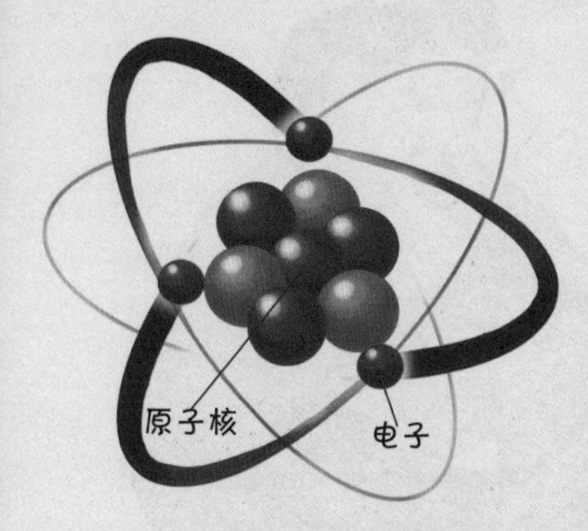

知识链接

什么是原子核物理学？

自从 19 世纪末人类意识到原子核内蕴（yùn）含着巨大的能量，原子核物理学便开始萌芽了。原子核物理学属于物理学的一个分支，简称核物理学，研究领域涵盖了原子核的结构、变化规律、反应等。核物理学不仅仅被应用于武器制造上，核能作为一种清洁能源，大型核电站的开发也需要这门学科的支撑。除此之外，核物理学的研究成果也被广泛用于治疗肿瘤等疾病。

中子、质子和电子

现在让我们来说一下原子的结构。每个原子都由原子核和带负电荷的电子组成，每个原子核又都由带正电荷的质子和不

带电荷的中子组成。质子和中子装在原子核中，而电子在外面没有规律地围绕着原子核旋转。实际上，电子的质量非常小，质子的质量大约是它的 1842 倍，可以说原子核构成了原子的全部质量。有人这么解释，质子决定了一个原子的身份，电子决定了一个原子的性情，中子增加了一个原子的质量。

说到原子的结构，相信很多人的脑海中会浮现出这样一个画面：一两个电子正绕着原子核飞速地旋转，就像是行星围绕着太阳。但是，我很遗憾地告诉你，这幅图是完全错误的，它不过是一位名叫长冈半太郎的日本物理学家的凭空想象。在历史上，英国物理学家汤姆孙不仅是电子的发现者，他还提出了世界上第一个原子模型，即西瓜模型。与西瓜模型针锋相对的，就是“日本物理学之父”长冈半太郎于 1903 年提出的土星模型。近代人认识原子有四个重要的进展，分别是元素周期表、电离学说、原子光谱和放射性。不过，西瓜模型可以解释元素周期律，却不能解释原子光谱，而土星模型正好与它相反。之后，通过 α 粒子散射实验，英国物理学家卢瑟福发现西瓜模型存在重大缺陷，由此他对这一模型进行了改动，并提出了著名的行星模型，为原子物理学奠定了基础。然而，电子并不会按照确定的轨道运动，甚至我们连描述它的运动轨迹都做不到。

研究原子的人们

无论是原子的概念，还是“原子”这个词汇本身，都已经存在了很久了，它们都是由古希腊人创造出来的。从 19 世纪到 20 世纪，欧洲涌现出了一批才智过人的科学家，他们带领人类探索原子结构，摸清中子、质子和电子的特点，进一步认识了神秘莫测的原子世界。这一章，我们就来聊一聊这些潜心研究原子的人们。

伟大的约翰·道尔顿

原子有三个特点：多、小、实际上不可毁灭。这是由一个没受过多少教育的英国贵格会教徒发现的。1766 年，一个名叫约翰·道尔顿的人在英国出生，他的父母都是贫苦的织布工，没办法供他接受更好的教育。但道尔顿从小就展现出了过人的聪明才智，12 岁就当上了当地贵格会学校的校长。通过他的日记我们得知，他那时正深深痴迷于牛顿的《自然哲学的数学原理》和其他有挑战性的著作。到了 25 岁，道尔顿搬家到了曼彻斯特，在这里他出版了令他声名大噪的《化学哲学的新体系》。

通过这本书，当时的学者第一次接触到了近乎现代概念的原子。道尔顿的贡献在于，他考虑了原子的相对大小和性质，以及它们结合的方法。让我们来举个例子说明一下：道尔顿认为氢是自然界中最轻的元素，因此他给出的所谓“原子量”是 1；他又认为水是由 7 份氧和 1 份氢组成的，因此他给出的氧的原子量是 7——这个结果后来被证实是错误的，氧的原子量实际上是 16。虽

然他得出的结果并不总是正确的，但这个原理派上了大用场，成了整个现代化学以及其他科学的基石。

幸运的欧内斯特·卢瑟福

盼来盼去，原子时代的第一位真正的英雄终于登场了——他的名字叫作欧内斯特·卢瑟福。1871 年，卢瑟福出生在一个不怎么富裕的家庭里。他先随家人从苏格兰移居到了新西兰，又在 1895 年迁居到了英国，开始在剑桥大学的卡文迪许实验室学习。卢瑟福是个极其幸运的人——他有着天才般的头脑和吃苦耐劳的品行，并生活在化学和物理学相互独立的、激动人心的年代。

时间来到 20 世纪初，人们那时已经知道原子是由几个部分

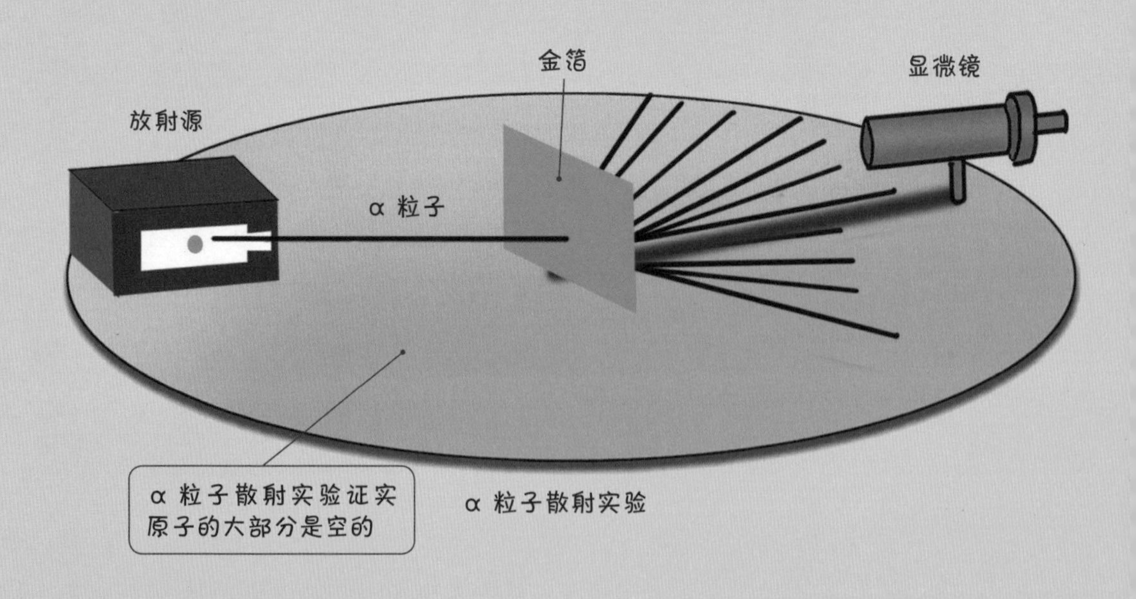

α 粒子散射实验

组成的，但还不清楚这几个部分是什么，它们是怎样聚集在一起的，又呈现出什么形状。1910 年，卢瑟福在他的学生汉斯·盖格的帮助下完成了一项实验——著名的 α 粒子散射实验，他惊讶地发现有些电离的氢离子竟然会被金箔反弹回来。当时，卢瑟福马上就意识到，原子内部应该有一个很大的空间，当中是一个密度很大的核。这个发现非常重要，因为它将引出下一个关键问题——根据传统物理学的全部定律，原子成了一种本不该存在的东西！ 1908 年，被誉为“原子物理学之父”的卢瑟福意外获得了诺贝尔化学奖——这真是“意外之喜”啊！

不讨喜的量子理论

就在欧洲人忙于探索电子时，一个主要问题摆在了他们面前，那就是电子有时候表现得像粒子，有时又很像波。这种令人无法置信的双重性几乎把欧洲的物理学家逼入了一个死胡同，在此后 10 年里，他们一直在绞尽脑汁地思索着该如何解释这一现象。

在这个过程中，奥地利物理学家埃尔温·薛定谔（è）提出了一种理论，名为“波动力学”，德国物理学家维尔纳·海森伯提出了一种与之对立的理论，名为“矩阵力学”。令人意想不到的是，这两种理论在相互冲突的前提下，竟然得到了相同

的结果，于是一个无解的局面出现了。这里插一嘴，薛定谔和海森伯后来都成为量子力学的奠基人。

1926 年，海森伯基于这两种不同的理论，再次提出了一种新理论，也就是后来的量子力学。建立该理论的基础是“海森伯测不准原理”。这种理论简单来说，就是你无法预测电子在任何特定时刻的位置，你只能认为它有可能在那里。这是不是很难理解？那我们再换个说法，我们永远也无法计算出电子会在什么时间出现在哪个位置上，只能指出它在核外空间某个位置上出现的概率有多大。

正因为量子理论存在诸多难以理解的地方，不光普通人对它敬而远之，许多物理学家也非常不喜欢它——至少是这个理论里的某些方面。实际上，爱因斯坦也不喜欢量子力学，他无法忍受这样的看法：宇宙中有些事情是人类永远无法知道的。然而有趣的是，正是他在 1905 年对光的波粒二象性的解释，构成了这种新物理学的核心。

小小的粒子，大大的世界

粒子在这里并不特指某样东西，而是一个统称，它囊括了原子、电子、质子、中子、电子、夸克、介子、超子等。当人们发现粒子的存在后，便开始制造各种各样的机器来捕捉它们。然而，虽然不同的粒子各有各的特点，但它们无一例外都跑得飞快，绝不会轻易在人类面前束手就擒！

寻找粒子的人们

粒子指能够以自由状态存在的最小物质组成部分。人类最早发现的粒子就是原子。亚原子粒子就是比原子小的粒子。随着对神秘又古怪的亚原子世界的深入了解，物理学家发现了很多意想不到的新鲜事物。

1911 年，英国科学家 C.T.R. 威尔逊在卡文迪许实验室里建起了一个人工云室。通过这个装置，刚刚发明了粒子探测仪的威尔逊发现，当一个 α 粒子加速通过人工云团时，留下了一条明显的轨迹——换句话说，他证明了亚原子粒子的确存在。

接着，卡迪文许实验室里的另外两位科学家发明了质子束装置，加州大学的欧内斯特·劳伦斯制造了回旋加速器（也叫原子粉碎器）。无论从哪种角度来说，寻找粒子都是一件相当费时费力的工作，因为它们不仅个头很小，而且无一例外都跑得飞快，就连最“懒惰”的不稳定的粒子存在的时间也不超过 0.0000001 秒！而随着物理学家的野心越来越大，他们建造的机器也越来越大，他们找到的粒子或粒子族也越来越多，比如 π 介子、超子、介子、K 介子、希格斯玻色子、中间矢量玻色子、重

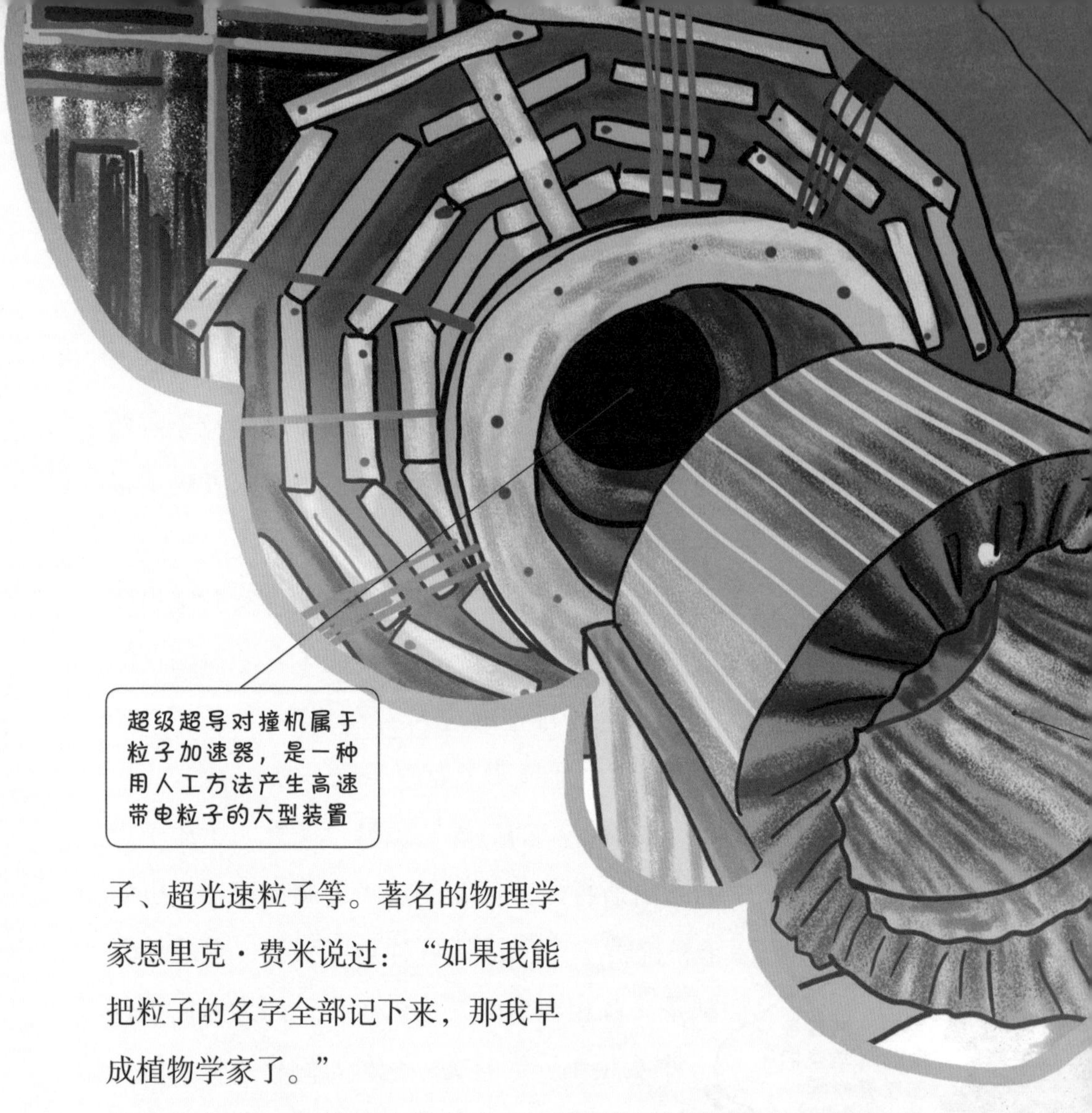

子、超光速粒子等。著名的物理学家恩里克·费米说过：“如果我能把粒子的名字全部记下来，那我早成植物学家了。”

从上文，相信你也能体会到寻找粒子最大的困难就是——花钱，花大量的钱。在粒子物理学中，我们要找的东西往往和所需设备的大小成反比，越小的东西越难找，需要花的钱也就越多，多得难以想象。20 世纪 80 年代，美国曾计划修建一台超级超导对撞机，但建设费用预计高达 80 亿美元，后来又涨到 100 亿美元，每年的运行费用还要花上几亿美元。结果可想而知，这个计划遭到了美国国会的强烈反对，最终被扼杀在了摇篮之中。

有了这台机器，我们将能改变历史！感谢上帝，那些目光短浅的小气鬼终于同意了我们的计划！
位于欧洲的大型强子对撞机是现在世界上最大的对撞机
Z Z Z Z
实际上，当年的超级超导对撞机已经开始施工了，但是在中途被叫停

小世界与大世界

量子物理学在一定程度上搞乱了物理学，因为突然之间我们就拥有了两套规律可以来分别解释宇宙的表现——用量子理论来解释小世界，用相对论来解释大宇宙。相对论出色地解答了为什么行星会绕着太阳旋转，为什么星系会容易聚集在一起，但在粒子的层面上却未能解释清楚是什么把原子聚集在一起。20 世纪 30 年代，科学家发现了两种特别的力：强相互作用力

和弱相互作用力。二者合称核力。原子核的质量、结合能等性质以及核衰变、核反应等现象都与这两种相互作用力有关。强核力维系着原子，是它将质子拢在原子核里，弱核力则主要负责控制某种放射衰变的速度。

量子力学和相对论各自负责一个物理学领域，这种状况令一些人高兴不起来，尤其是爱因斯坦。在他的后半生中，他一直致力于寻找一种理论可以将这两种理论都完美地容纳进来。但随着时间的流逝，他发现自己一无所获，并且越来越不受重视。美国作家斯诺评价道："他的同事过去这么认为，现在依然这么认为，他把他的后半辈子给浪费掉了。"

1945 年 8 月，在第二次世界大战中，美国在日本的广岛市和长崎市分别引爆了两枚原子弹。这件事不仅成为第二次世界大战的转折点，也标志着科学家对原子有了更深层次的理解。然而，就在科学家们得意扬扬地以为人类就要征服神秘莫测的原子时，粒子物理学给了他们当头一棒——原来我们过往所知的不过是皮毛，粒子世界远比我们想象的要更加复杂、更加深奥。

大陆正在漂移中

在过去，包括爱因斯坦在内，很多人都不相信我们脚下踩着的大地竟然会移动——这听起来真是太匪夷所思了！更何况，“大陆在漂移”是由一位业余人士最先提出的，而不是成天跟河流山川打交道的那些地质学家。为了驳（bó）斥和贬低这个观点，反对者们想出了很多种假说，比如陆桥理论和云莓干理论，但它们注定会被历史所淘汰……

大陆正在漂移?

20 世纪初，人类费了九牛二虎之力，终于搞清楚了地球的年龄。但是，关于地球的诸多疑问依然没能得到彻底的解决。关于大陆在漂移的观点，最初是由美国的一位业余地质学家在 1908 年提出来的，他的名字叫作弗兰克·伯斯利·泰勒。之后，德国气象学家阿尔弗雷德·魏格纳接受了泰勒的观点，并且在进行了许多考察活动后，又提出了一种新理论：他认为世界上的大陆原先都属于一个巨大陆块——也就是所谓的“泛大陆”。根据他的描述，我们可以来想象一下：在很久很久以前，所有

的植物和动物都生活在泛大陆上，然后泛大陆开裂成了几块，这些碎块漂移到了现在的位置。

由于第一次世界大战的爆发，魏格纳的理论一开始并没有引起人们多大的注意，直到1920年他出版了《海陆的起源》的修订本，对里面原有的内容进行了扩充，这才使得关于大陆在漂移的观点进入了更多人的视野。

然而，魏格纳的理论并没有得到所有人的认同。1955年，一位名为查尔斯·哈普古德的地质学家出版了一本书，该书名

为《移动的地壳：解答地球科学中的一些问题》。哈普古德在书中对关于大陆在漂移的观点进行了坚决的驳斥，并指出地质学家 K. E. 卡斯特和 J.C. 门德斯在大西洋两岸做了详细的实地考察，并没发现这两个地方的岩石结构有什么相似之处。天知道这两位地质学家到底去了哪些地方！因为事实上，大西洋两岸的许多岩石结构不仅非常相似，而且完全一样。顺便提一嘴，给哈普古德的这本书写前言的人就是大名鼎鼎的爱因斯坦。

陆桥理论与云莓干理论

在 20 世纪上半叶，大家都认为大陆在上下移动，这个观点是几代人地质信念的一个基础，即使没有人能够提出一种有说服力的理论来解释它是怎么发生的，或者它为什么发生。显然，这个时候的地质学界已经迫切需要一种崭新的理论，来以此打破人们思维上的壁垒。然而，地质学家却并不希望将这份重任交给一名没有地质学背景的气象学家。

为了反驳魏格纳的观点，贬低他的见解，当时有两种解释盛行在地质学家之间。

陆桥理论：这个理论认为大陆之间有陆桥，通过陆桥，植物和动物就可以在各个大陆上跑来跑去，并且只要哪里需要，陆桥就可以出现在哪里。没过多久，在史前的世界地图上，几乎到处都架起了纵横交错的假想的陆桥，它们将北美洲和欧洲、南美洲和非洲密密麻麻地连在了一起。陆桥理论显然存在着很多缺陷，比如它无法解释一种在欧洲很有名的三叶虫为什么能跨越 3000 千米的大海，却绕不过一个 300 千米宽的岛角。实际上，还有另一种三叶虫，在欧洲和美洲西北部的太平洋沿岸都分布着它的足迹，而中间

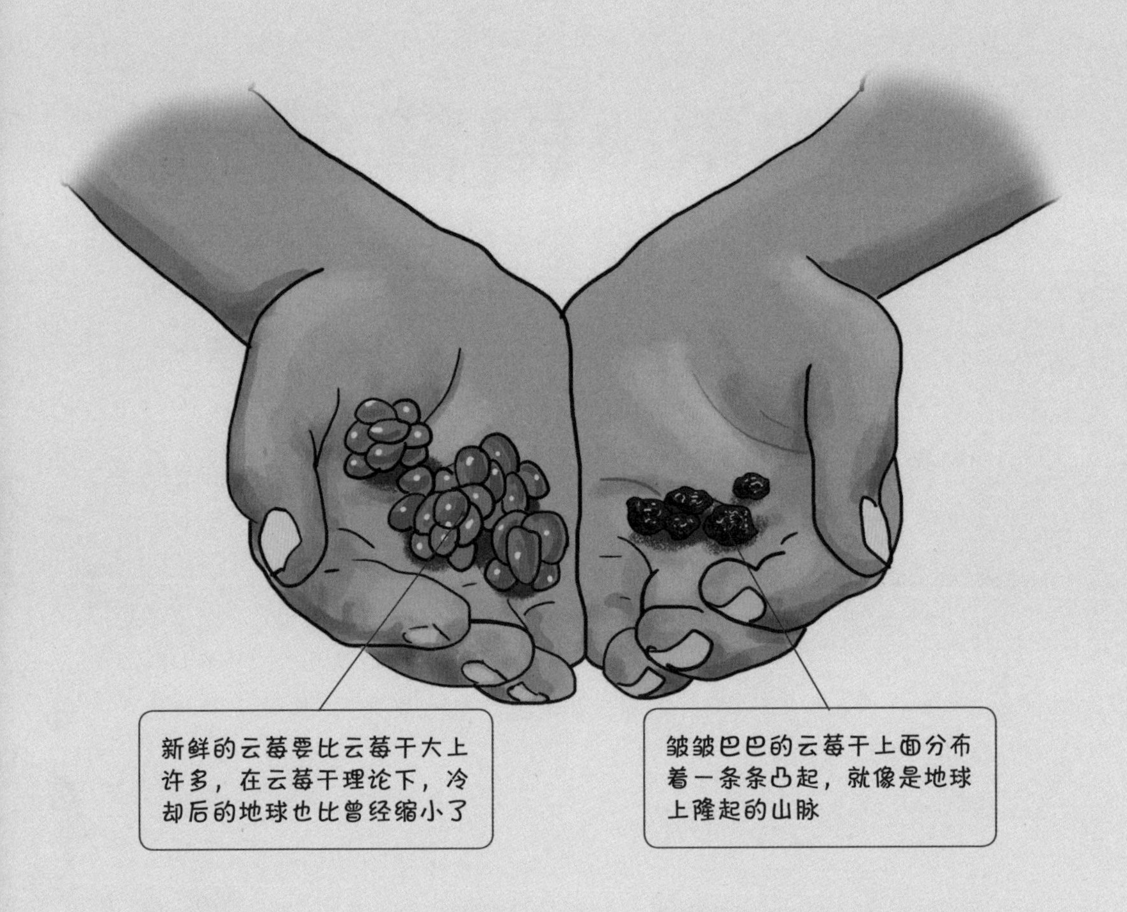

地带却连它的一个影子都没见到——如果非用陆桥理论来解释这个现象，那么架一座陆桥肯定是行不通的，非得架一座立交桥才可以！然而，即使漏洞百出，在此后的半个多世纪，陆桥理论也一直是地质学的主流观念。

云莓干理论：这个理论认为随着地球逐渐冷却下来，受热胀冷缩的影响，它变成了皱巴巴的云莓干的样子，在地表上形成了山脉和海洋。这种理论虽然在当时比较流行，但是当我们仔细思考时就会发现其实有很多问题是它解答不了的，比如：为什么地球表面上的山脉和海洋分布得并不均匀？为什么地球冷却之后，在它的内部依旧保留了这么多的热量？

重要的板块构造学说

时间推移到1964年，突然之间，人们像是开了窍一样改变了自己的观点。越来越多的人意识到，在移动的不光是大陆，而是整个地壳。在1968年临近尾声时，“板块”这个名称被提了出来，这标志着地球表面上的“拼图”终于有了自己的名字。虽然旧的思想很难马上被革除掉，但它们已经挡不住地质学将要发生的重大变革！

板块构造学说

1908年，泰勒就注意到了非洲海岸与南美洲海岸的形状十分相似，就像是两块可以拼在一起的拼图一样。这不禁引发了他的猜想：在遥远的过去，它们会不会是连在一起的？

1964年，突然之间，地质学界的风向就变了，好像所有人都心平气和地接受了关于大陆在漂移的观点，一致认为：地球是一幅由相互连接的断片组成的镶嵌画。没过多长时间，人们便摒弃了“大陆漂移”这个称呼，因为人们意识到，在漂移的可不光是大陆，而是整个地壳——整个！但是，想要给这些断片取名字可不是一件小事，至少人们花费了不少时间才确定了应该怎样称呼它们更合适。时间来到 1968 年的末尾，《地球物理研究》杂志刊登了一篇由三位美国地质学家撰写的论文，这使得这些断片从

此有了现在的名字：板块。以此为基础的板块构造学说这样解释：岩石圈的构造单元是板块，板块与板块之间或相互离散，或相互汇聚，或相互平移，能够引发地震、火山和构造运动。

有意思的是，就在地质学家们还围绕大陆是否会漂移而争论不休时，石油公司的地质工作者其实早已意识到，如果想要找到石油，就不得不考虑板块构造活动对地表的影响。但可惜的是，这些人只一心扑在找石油上，根本没兴趣去写学术论文。

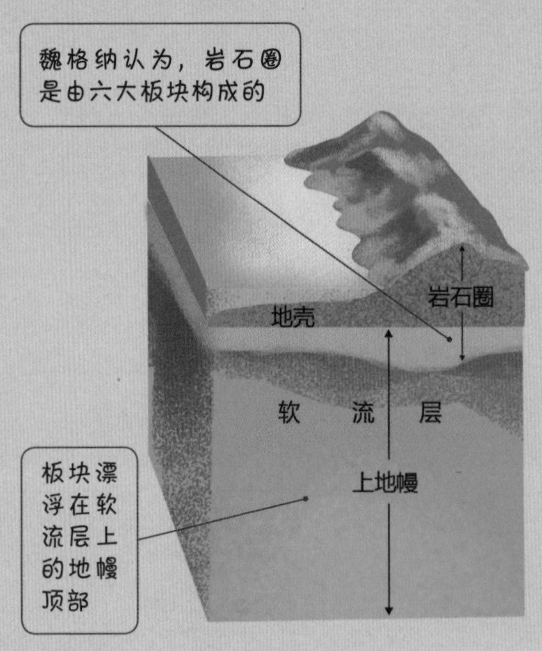

板块构造学说让很多困扰着人类的问题一下子就被说通了，比如古代三趾马是怎么从法国跑到美国佛罗里达州去的。这个理论也直接影响了人们对地震的成因、群岛的形成、碳循环、造山运动、地球的冰川期、生命的起源等的看法。

从遥远的过去到现在

1650 年，爱尔兰教会的大主教在仔细研究了《圣经》之后，断言地球是在公元前 4004 年 10 月 23 日正午形成的。当然，这个结论在 20 世纪 40 年代被伟大的地质学家克莱尔·彼得森推翻了。以上这个事实说明，随着科学技术的发展，很多当时看上去坚不可摧的理论，在日后都会被人们所推翻和否定。但我们也要意识到，旧的思想很难被迅速、彻底地革除，不是每个人都能立刻抛弃掉自己所坚持的信念，而去接受新理论的。实

际上，直到 20 世纪 70 年代，地球物理学家哈罗德·杰弗里斯在撰写教材《地球》时，仍然坚持认为板块构造学说在物理上不能成立。1980 年，美国作家、普林斯顿大学新闻学教授约翰·迈克菲在《盆地和山脉》一书中指出，即使在当时，每 8 名美国地质学家中仍有 1 名不相信板块构造学说。

时至今日，我们已经知道，地表上分布着 8 ~ 12 个大的板块和约 20 个比较小的板块。其中，有些板块虽然很大，但不太活跃；有些板块虽然很小，但能量很大，而且会向不同的方向以不同的速度移动。实际上，板块构造活动要比我们想象得更加复杂，比如：北美洲板块（简称北美板块）的面积要比北美洲的面积大得多；冰岛一半属于美洲板块，一半属于欧洲板块；新西兰虽然远离印度洋，却属于巨大的印度洋板块，等等。虽然我们感觉不到，但我们脚下的这些板块就像是水面上的浮萍，如今仍在波涛汹涌的大海上漂移呢！值得注意的是，板块构造学说并不等同于大陆漂移学说。实际上，这种理论是在大陆

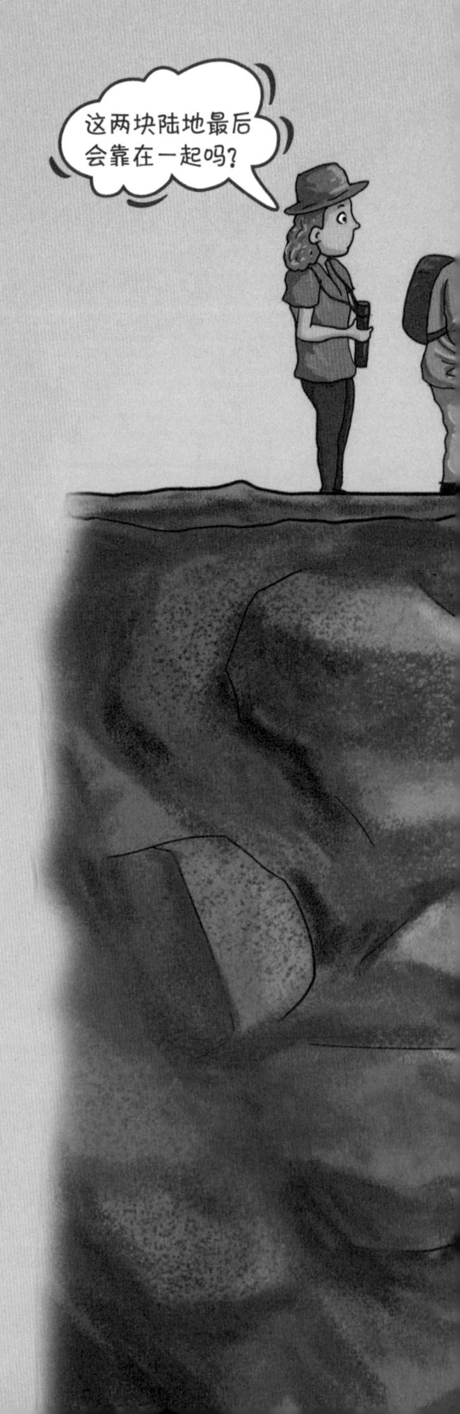

这个海沟看起来很深啊！
毕竟地壳已经运动很多年了。
应该不会了。

漂移学说和海底扩张学说的基础上提出的。海底扩张学说最早出现于20世纪60年代，当时有两名加拿大科学家提出，由于地幔中的热对流，大洋中脊成为新地壳产生的地方，整个海底

知识链接

生长边界与消亡边界

生长边界与消亡边界的概念来源于板块构造学说。生长边界又称离散型边界，是两个相互分离的板块之间的边界，会形成海岭、大洋、裂谷等，比如大西洋和东非大裂谷。消亡边界又称汇聚型边界，是两个相互汇聚的板块之间的边界，会形成海沟、山脉等，比如喜马拉雅山脉和阿尔卑斯山脉。

正不断地自这里向两侧扩张，而离大洋中脊越远，岩石年龄就越古老。当然，海底的扩张也一定会带动陆地的移动，于是随着陆地相互挤压，一座座山脉就形成了。这样看来，魏格纳的大陆漂移学说真的已经尽善尽美了——事实果真如此吗？当然不是。

实际上，板块构造学说并不能解决我们的所有疑问，反而有时还会给我们带来一些新的谜题。比如，一种叫作水龙兽的史前生物从南极洲到亚洲都有发现，但在南美洲和大洋洲却还未找到它存在过的证据。实际上，古代的植物和动物经常在不该出现的地方出现，在该出现的地方不出现。

地质学的萌芽与成长

从过去到现在，人类想要全面了解地球的欲望只增不减。在探索地球这个充满挑战的过程中，了不起的英国地质学家詹姆斯·赫顿几乎凭借一己之力，开创了一门崭新的科学——地质学，而这件事情也将彻底改变过去人们对地球的全部认知。这一章，就让我们拨开历史的重重迷雾，一起来了解这个属于地质学的前世故事吧！

水成论 VS 火成论

到了 18 世纪末，人们已经知道了地球的形状，计算出了地球的大小、地球到太阳的距离以及地球的质量。但这只是一个良好的开始，因为地球还留下了不少谜团等着人们开动脑筋去破解。在很多能引发人们好奇心的谜题当中，有一个谜题长期以来一直困扰着人们，那就是：古代的蛤蜊（gé lí）壳和别的海洋生物的化石为什么经常会出现在山顶上？它们到底是怎么到那里的？为此，一些人开始寻找答案。在这个过程中，人们分为了两个对立的阵营，一方是水成论的支持者，一方是火成论的支持者。

水成论派认为，地球上的一切，包括出现在山顶上的贝壳和海洋生物，都可以用海平面的升高和降低来解释。地球上的山脉、丘陵和其他地貌，与地球本身一样拥有漫长的历史，只是在全球洪水时期，它们因为水的冲刷而发生了一些变化。

火成论派认为，火山和地震不断改变着地球的表面，但这显然跟遥远的大海毫无关系。他们还提出了难以回答的问题，比如，不发洪水的时候水都流到哪里去了？这些人理所当然地认为，地球受到内部深处的力和表面的力的作用。然而，他们却无法回答最关键的那个问题——贝壳究竟是怎么到山顶上去的呢？

赫顿开创地质学

赫顿几乎独自一人开创了地质学，改变了我们对地球的认识。1726 年，赫顿出生在苏格兰的一个富裕家庭，他一开始学医，后来改学农学。1768 年，厌倦了农场的赫顿搬去了爱丁堡，创建了一家生产氯化铵（ǎn）的工厂，并加入了一个名为牡蛎（mǔ lì）俱乐部的学会。

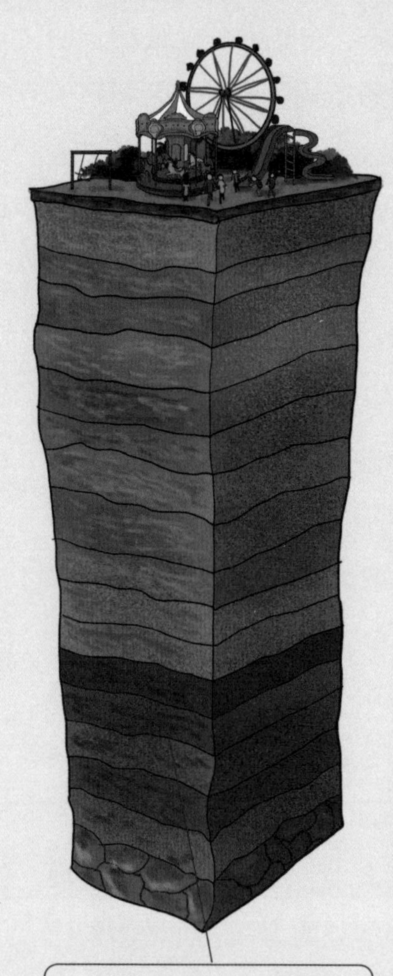

因为沉积作用，我们脚下的层层土壤都是不一样的

赫顿的好奇心非常旺盛，他几乎对什么都有兴趣，但最感兴趣的还是地质学。在考虑贝壳为什么能在山上的过程中，赫顿提出了很多不同凡响的见解。当他看到自己的农田时，发现岩石被腐蚀成了泥土，泥土又被溪水和河水带往了别处，并在某地沉积了下来。显然，如果这个过程一直持续下去，地球终有一天会被打磨得光溜溜的，然而他的身边却到处都是丘陵。他想，一定还有什么别的过程正在循环往复，不断地创造出了新的丘陵和山脉。赫顿推断：山顶上的贝壳以及其他海洋生物的化石应该是随山脉升上来的，而非发洪水沉积下来的。

赫顿的理论特别强调，形成地球的过程需要很长时间。

地质学界的大拿詹姆斯·赫顿是个令人愉快的伙伴，他有着敏锐的目光和优秀的口才。虽然他在了解地球那种神秘而缓慢的形成过程方面有着惊人的天赋，但可惜的是，老天为他关上了一扇关键性的“窗户”——常人根本无法理解他写下的那些见解。人们看他写的每一行字差不多都会生出困意来。实际上，赫顿撰写的《地球论》虽然包含了很多深刻的见解，却几乎是读者最少的重要科学著作，就连喜欢看书的查尔斯·莱尔也承认这本书他实在读不下去。

直到赫顿去世，一个至关重要的时刻才即将到来，这对赫顿来说当然是个坏消息，但对地质学界来说却是个好消息——在这不久之后，一个叫作约翰·普莱费尔的人将要来改写他的作品了。1802 年，这是赫顿去世后的第 5 年，赫顿的知音普莱费尔出版了《关于赫顿地球论的说明》。这本书受到了地质学爱好者的广泛欢迎，虽然当时地质学还不是什么热门的科学。然而，时机已经成熟，事情马上就要发生变化了……

敲石头的人们

这一章，我们来盘点那些曾为地质学的发展做出过贡献的人们。他们有的身份显赫，有的性子很野，有的为人十分孤僻，有的总是摆出一副愁眉苦脸的样子……总之，这些杰出的地质学家可比我们想象得要有趣得多！并且，随着这些爱去野外“敲石头”的人越来越多，越来越进入状态，人类对地球的了解也更加丰富了……

13 个人与地质学会

1807 年，英国伦敦的几个志趣相投的人组建了一个俱乐部，他们给这个俱乐部起了一个相当夺人眼球的名字——地质学会。学会成员打算每一个月碰一次头，一边愉快地吃吃喝喝，一边交换彼此对地质学的看法。当然，这些人并不指着矿石发大财，更不是学富五车的地质学者，他们只是一群有时间又有闲钱的绅士。每一次聚会，他们都会精心打扮一番，戴上高高的大礼帽，穿上得体的套装。不到 10 年，这个俱乐部就吸收了 400 名会员，

这让地质学会成为当时英国屈指可数的头号科学社团。1830年，745位地质学家迫不及待地加入其中，这样的盛况可能在世界上再也不会出现了。

话说，地质学会里的“奇葩(pā)”还真是不少。詹姆斯·帕金森博士曾参与一起疯狂的刺杀活动，刺杀对象是当时的英国国王乔治三世，而他也因此遭到了逮捕，差一点儿就被流放到澳大利亚去。然而，当帕金森静下心来，他突然对地质学萌生了兴趣，后来还成为地质学会的创始人之一。罗德里克·莫奇森也属于“浪子回头”，在前半生大约30年里，他一直沉迷于骑马、开枪、打猎，后来突然对岩石产生了兴趣，并成为一位非常出色的地质学家。

当每年6月来临时，地质学会的成员便不再聚在一起吃晚饭了，因为他们都要出门“寻宝”，利用整个夏天去野外干活儿。这个时候，在整个近代思想界，尤其是英国，有学问的人都会

去乡下叮叮当当地敲石头。大名鼎鼎的英国地质学家查尔斯·莱尔就是其中之一，他受到父亲的感染而对博物学有了兴趣，又受到威廉·巴克兰的影响而走上了地质学的道路。

有魅力的怪人：威廉·巴克兰

威廉·巴克兰是一位喜欢穿飘逸长袍的牧师，他性格古怪，在自己的院子里豢养了很多野兽，并且让它们在家中自由出入。除此之外，他还有个奇特的爱好，那就是吃遍世界上的每一种动物。他还会用各种各样的、稀奇古怪的菜来招待客人，比如烤豚鼠、烤刺猬、面糊耗子或者煮东南亚海参。至于要在饭桌上摆上什么动物，全凭他的一时冲动和是否有库存，但他的菜单上肯定不会有菜园里的普通鼹（yǎn）鼠——巴克兰认为它的

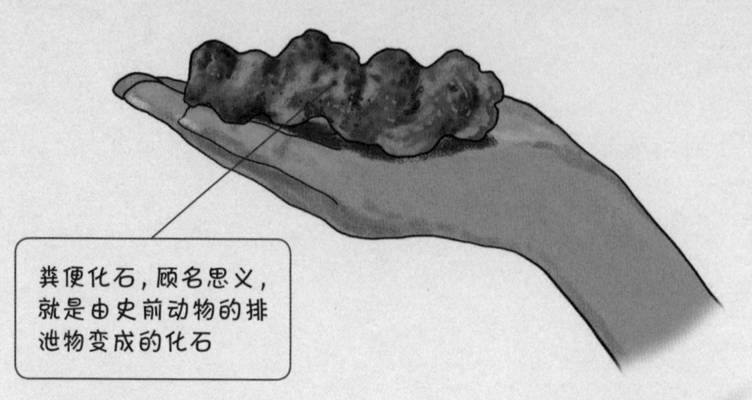

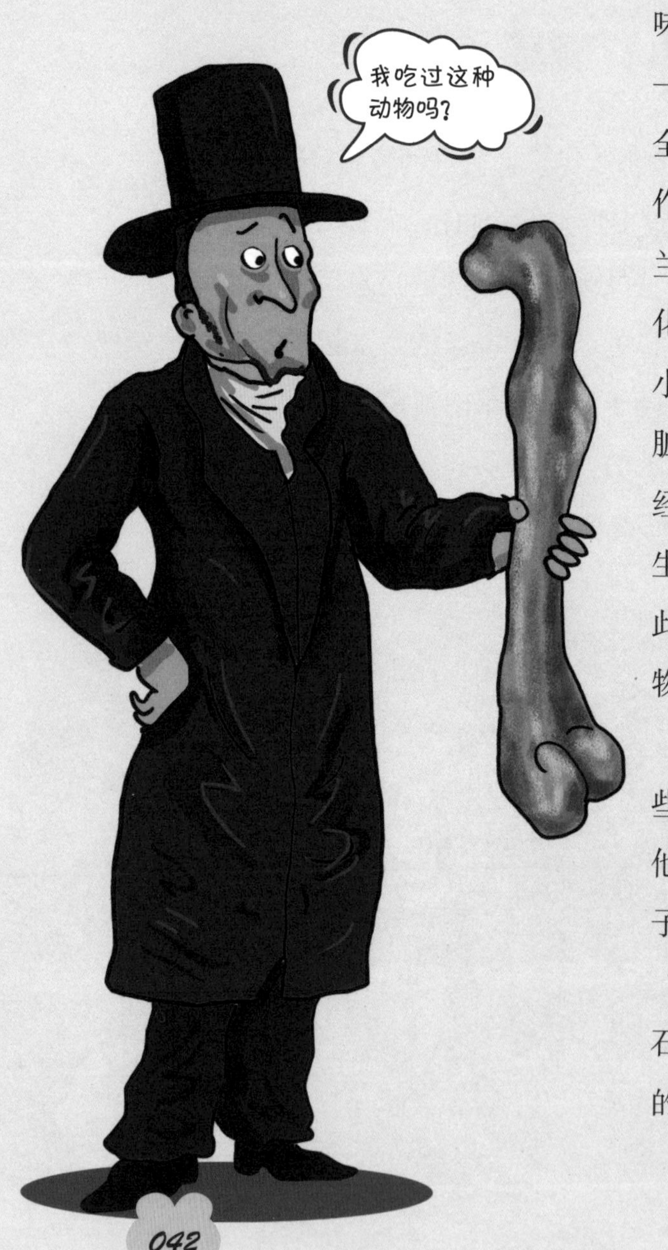

味道太恶心了。他还有一张非常特殊的桌子，全部由粪便化石标本制作而成。实际上，巴克兰差一点儿就成为粪便化石的权威！你可不要小瞧这些听起来有些肮脏的化石，粪便化石里经常会含有未消化完的生物遗骸，我们能够以此为线索来推断这些动物会吃什么样的食物。

巴克兰总会做出一些奇怪的举动。有一次，他在半夜三更推醒了妻子，兴奋地对她喊道："天哪，我知道了，化石上的脚印一定是乌龟的！"这对夫妻穿着睡

知识链接

各种各样的化石

对于一些被找到的化石，我们现在能做的只是判断它来自陆地或者海洋，因为大多数的古老生物早已在很久之前便灭绝了，我们在如今的生态圈中甚至连它的近亲都看不到。在历史上，我们曾发现过很多种类的化石，比如一些尖锐粗钝的大臼齿化石可以重达五六千克，一些螺类贝壳的化石可以长到约 26 厘米。

衣匆忙地来到了厨房，巴克兰太太揉了一个面团，铺在那张桌子上，巴克兰拿来家里养的乌龟放在面团上，驱赶着它向前走。这两个人高兴地发现，它的脚印果然和巴克兰一直在研究的化石上的脚印一模一样。

达尔文把巴克兰叫作小丑，但莱尔非常欣赏和喜欢巴克兰。1824 年，莱尔和巴克兰结伴去了一趟苏格兰，在这次重要的旅行之后，莱尔放弃了自己原来的职业，把全部的精力都献给了地质学。

地质学的一场新争论

在赫顿时代与莱尔时代之间，地质学界曾发生了一场激烈的争论，它在很大程度上取代了过去的水成论与火成论之争，但人们又常常会把这两场争论相互混淆。这一场新的、旷日持

久的争论的焦点便是：地球上的变化是逐渐形成的，还是源于突发的灾难性事件，比如大洪水？而这场争论也使莱尔成为“现代地质学之父”。

灾变论与均变论

时间来到19世纪上半叶，地质学家依然在争论着地球变化的原因，只不过这一次，他们提出了两个新的地质学理论，也就是灾变论和均变论。

灾变论，顾名思义，是指地球是由突发的灾难性事件形成的，尤其是洪水。由于灾变论总与洪水扯上关系，因此人们常常会把灾变论和水成论混为一谈。灾变论的支持者认为，物种灭绝是一系列过程的组成部分，在整个过程中，旧的动物不断灭亡，被新的动物所取代。这个观点不仅被T. H. 赫胥黎排斥，被他比作是“打牌赢了很多次的人，却在最后推翻桌子，要求更换一副新牌”；莱尔也轻蔑地反驳道：“从没有见过比这样一种教条更蓄意助长懒汉精神，更削弱人们的好奇心的了。”

均变论则恰恰相反，是指地球上的变化都是逐渐形成的，几乎所有的地质变化过程都需要经历漫长的时间。最先提出这种见解的是赫顿，但大多数人了解这种观点却是通过莱尔的作品，因此在世人眼里，莱尔成了“现代地质学之父”。莱尔瞧不起灾变论，他坚定地认为，地球的变迁是一贯的、缓慢的，过去发生的一切都可以用今天仍在发生的事情来解释。

莱尔的贡献与失误

地质学的鼻祖莱尔在伦敦大学教书时，撰写了一部著作《地质学原理》。在此书中，他阐述了自己的看法：地球的变化是均匀的、持续的。莱尔的影响你几乎怎么说都不过分。《地质学原理》在他生前便已经出版了12版，它奠定了地质学思想的发展，直到20世纪，这里面包含的一些观点依然被地质学界当作准则。达尔文在环球旅行中也随身带了一本，他和那个时代的许多人一样，几乎把莱尔看作一个神。

在地质学发展初期，英国人在这一

领域最为活跃，因此很多地质学名词最初都是用英语命名的。原先，地质史分为四个时期：第一纪、第二纪、第三纪和第四纪。但是，由于划分得过于草率，这个划分方法很快便被人们淘汰。在《地质学原理》中，莱尔使用了新的单位“世”或“段”，来涵盖恐龙以后的时代——这个单位沿用至今，比如更新世、中新世等。

当然，人无完人，莱尔犯的错误也不少。他没能提出令人信服的解释来说明山脉的形成，没有认识到冰川是山脉变化的动因之一。他也对动物和植物会突然死亡这件事嗤之以鼻，拒绝接受关于这类事的所有看法。莱尔认为，在最古老的化石床里会发现哺乳动物；所有主要的动物群体，比如哺乳动物、爬行动物、鱼类等，自古以来便一起生活在地球上。然而，事实证明，莱尔的这些观点都是完全错误的。

20 世纪 80 年代，因为关于物种灭绝的撞击理论的流行，地质学家不得不忍痛割爱，摒（bìng）弃了《地质学原理》的一部分内容，这让他们感到非常痛苦——这也从侧面证明，莱尔作为“现代地质学之父”并非浪得虚名。

这是一只神奇的鸭嘴龙！
幸运的是，之后我们又发现了更多的鸭嘴龙化石
听说这种恐龙的眼睛超级好使！
我找到的才是丢了的那一根！
我看你拿来的骨头一点儿也不像！
我敢肯定我手里这根就是丢了的那根！

搞笑却真实存在的论战

18世纪下半叶，人类第一次发现了恐龙的骨头，而且据说这块骨头是属于一种长着鸭嘴的恐龙的。但当时，人们还不知道世界上曾存在过恐龙这个物种。令人费解的是，这个奇特的发现竟然没能引起人们多大兴趣，并且后来这块骨头还被粗心的人们给弄丢了。要知道这时候的美国人可对古代大型动物的遗骸非常着迷呢！

第一根被弄丢的恐龙骨头

1787年，有人在美国新泽西州发现了一根巨大的大腿骨。这根骨头之大，让人们一眼看上去就知道它不属于现存的任何物种，至少不是在新泽西州生活的动物。因为大家都无法确认这根大腿骨的来历，所以它被送到了当时美国最优秀的解剖学家卡斯帕·威斯塔手上。但是，威斯塔并没有意识到这根大腿骨的重要性，他只是礼貌地敷衍了几句，大概意思就是——这根骨头真大啊，然后就将这件事抛之脑后了。结果显而易见，他错过了比其他人早半个世纪发现恐龙的宝贵机会。事实上，不仅是威斯塔，当时很多人都没把太多的注意力放到这根大腿骨上。现在说来也挺令人费解的，要知道那时候的美国人可是对古代大型动物的遗骸非常着迷呢——这件事我们在下一小节会详细说。

后来，这根大腿骨很快便被扔到了储藏室里。然而，当人们再次想起这根奇特的骨头时，它已经在储藏室中失去了踪迹。于是，人类历史上发现的第一块恐龙化石，成了第一块被弄丢的恐龙化石！根据现在掌握的一点情况来看，我们能确认的是，它应该属于一种名为鸭嘴龙的大恐龙。

布封的武断评价

写下《自然史》的法国博物学家布封认为，美洲的生物几乎在任何方面都比其他地方的低一等——当然这里面也包括人。在这部伟大的著作《自然史》中，布封煞有介事地描述：在美洲这块土地上，水源散发出臭味；土地无法长出谷物；动物不仅个头儿很小，也没什么活力，从腐烂的沼泽和晒不到

太阳的森林里逸出的“毒气”把它们搞得很虚弱。在这样的环境下，生活在那里的人也不够强壮。出人意料的是，这种听起来就觉得很荒唐的言论竟然得到了很多人的赞同，即使这些人对美洲这个地方压根儿就不大熟悉。直到 19 世纪接近尾声时，人们对美洲的误解依旧很深。

布封的这种论调理所当然地在美国引起了非常大的争议，美国人都感到十分愤怒。20 名美国士兵被派往了北部丛林，他们在这里花上两个星期找到并射杀了一头大角麋鹿，想要送给布封来证明美洲也有高大威武的四足动物。不幸的是，这头大角麋鹿并没长着他们想象中的威风凛凛的角——这没关系，士兵们极其周到地为它安上了一对驼鹿角或者牡鹿角。毕竟，在法国，有谁能看出这个破绽来呢？

1788 年，布封去世了，但这场由他引发的搞笑争论仍未就此落下帷幕。

乔治·居维叶与“乳齿象”

就在那 20 个士兵寻找大角麋鹿时，在威斯塔的家乡费城，一群博物学家正在着手安装一头大象似的动物的骨架。这一批骨头最先发现于肯塔基州一个叫作大骨地的地方，但很快与之相似的骨头出现在了美国各地。这种新动物的存在让美国人欣喜若狂，因为它是反击布封那荒唐的结论的有力证据。但是，高兴得有些忘乎所以的美国博物学家大大高估了这种新动物的体积，还给它安上了一只巨大的爪子。实际上，这只爪子只是碰巧出现在这些骨头的附近，它真正的主人是一只大地懒——这只爪子与这种新动物八竿子打不着。

1795 年，一批精心挑选的骨头被运往了巴黎，出身贵族之家的古生物学界新秀乔治·居维叶将要对它们进行审查。居维

叶具有出众的才华，据说他只凭一颗牙齿或者一块下颌骨，就可以描述出那个动物的样子和性情，还往往说得出它是哪个种、哪个属。在发现美国尚未有人正式描述过这种新动物时，居维叶便自己动手写了一篇论文，并在文中将它命名为“乳齿象”，意为牙齿很突出的象。于是，他顺理成章地成为发现“乳齿象”的第一人。

在布封制造的那场论战中，居维叶受到了很大的启发。1796 年，他发表了一篇极其重要的论文《关于活着的象和变成化石的象的说明》，并在其中第一次正式提出了物种灭绝的理论。

物种灭绝与恐龙化石

我们已经提过很多次“物种”了，但你知道它究竟指的是什么吗？它是生物分类的基本单位，指的是能够相互繁殖并享有一个共同基因库的一群个体。虽然现在我们早已接受了地球时不时就会出现物种灭绝，但当这个观点刚被提出来时引起了

不小的风波。而随着恐龙化石的出现，当时的人们对过去的认识被完全颠覆了……

难以接受的理论

居维叶提出的物种灭绝的观点引起了很多人的反感与反对，其中就包括后来成为美国总统的杰斐逊。杰斐逊对物种灭绝这一观点嗤（chī）之以鼻，他打心眼儿里就不愿意相信整个物种有朝一日会消亡，因为这有悖（bèi）于他虔诚的宗教信仰。也许你会觉得很不可思议，为什么宗教会和科

学扯上关系，但是这真实地发生在了那个年代。这里插一嘴，达尔文在 1859 年还曾算出过英格兰南部某个地区形成的地质年龄是 306662400 年，但因为这违背了当时的教义，所以几乎没人愿意相信达尔文的话。

现在，让我们把注意力转回到杰斐逊身上。1806 年，有人建议杰斐逊派一支考察队去美国境内除密西西比河以外的地方进行考察，他几乎没有犹豫就答应了——当时，他曾想象着这群勇敢的探险家将会在一片富饶的平原上找到一群正在吃草的乳齿象。杰斐逊将这项重要的任务交给了梅里韦瑟·刘易斯和威廉·克拉克二人，而担任本次考察活动指导的不是别人，正是之前错过发现恐龙的卡斯帕·威斯塔。

说来也是莫名其妙，从人类发现第一根恐龙骨头开始，竟然有好几个人都错过了发现恐龙这个物种的机会。当梅里韦瑟·刘易斯和威廉·克拉克带领考察队穿越蒙大拿的赫尔沟岩

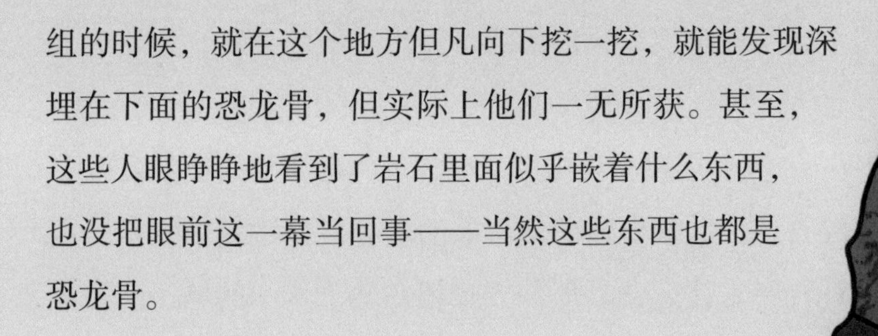

组的时候，就在这个地方但凡向下挖一挖，就能发现深埋在下面的恐龙骨，但实际上他们一无所获。甚至，这些人眼睁睁地看到了岩石里面似乎嵌着什么东西，也没把眼前这一幕当回事——当然这些东西也都是恐龙骨。

威廉·史密斯与岩层

当别人都在发掘骨头时，威廉·史密斯把注意力集中在了岩层上。此时，史密斯还不太有名，他只是萨默塞特的科尔运河建筑工地上的一名监督员。众所周知，若要解释岩石，你必须要有一种对照物，这样的话，你就能知道哪些岩石更年轻，哪些岩石更古老。那么，什么东西可以用来充当这种对照物呢？史密斯认为，化石有这个资格。通过哪个物种的化

石在哪个岩层里出现，我们就能计算出岩石的年龄，无论岩石身处何地。凭借自己的知识，史密斯动手绘制出了英国的岩层图。这些图在 1815 年得以整理出版，成为近代地质学的奠基之作。

可惜的是，尽管史密斯对岩层的分布有着敏锐的看法，但他没能对岩层为什么会以那种方式埋在地下这个问题产生足够的兴趣。也许正如他自己所说的那样："我没有再研究岩层的起源，因为我知道岩层的情况就已经满足了。至于什么原因，什么缘故，那不属于一名矿藏测量员的研究范围。"

找恐龙化石的人

水晶宫是英国的旅游胜地，这里曾是伦敦游客最多的景点之一。可能现在已经有很多人不记得了，但水晶宫里摆放着的的确是世界上第一批实物大小的恐龙模型。1851 年，当人们还对恐龙这种已经灭绝的生物一知半解时，这些模型就已经摆放在这里供人们参观了。事实上，在这个时候，要不是那几个关键人物再加了一把劲儿，人们对这种神秘的史前动物还不能有这么多的认识呢！

知识链接

生命力超强的细菌

如果你以为地球上的生物都很脆弱，那你就大错特错了——至少细菌绝对不允许你这么评价它。与地球上的其他生物相比，细菌比你想象中的更加容易存活，哪怕是在最恶劣的环境中，比如没有空气、没有液态水的太空，它的细胞壁也能有效地延长它的存活时间，保护它不会很快死亡。

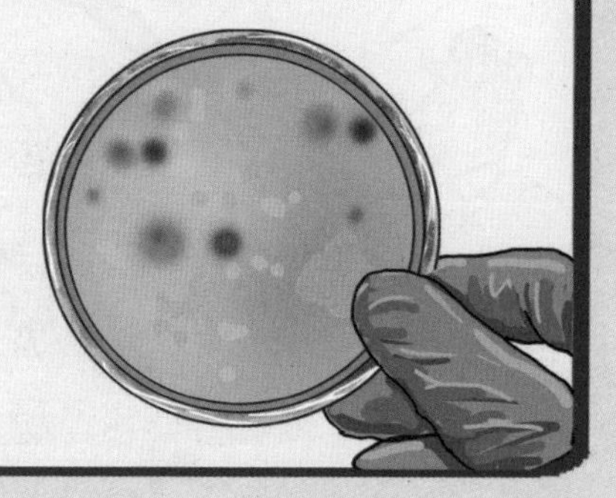

19 世纪 80 年代，人们开始狂热地寻找那些灭绝的动物。在新英格兰，有个农家小孩普利纳斯 · 穆迪在一处岩架上发现了古老的足迹。之后，又有人在康涅狄格河谷发现了骨头和足迹的化石。人们在这批化石中收获了一个特别的惊喜—— 一头安琪龙的骨头——后来被耶鲁大学的博物馆收藏。这批恐龙骨发现于 1881 年，是美国第一批经过检验保存下来的恐龙骨，虽然有一部分没能留存下来。

1822 年，在英国的苏塞克斯，一位名叫吉迪恩·阿尔杰农·曼特尔的乡村医生看到了妻子发现的一块骨头，他一眼就认出这是一颗牙齿化石。经过研究之后，曼特尔确定这颗牙齿属于一种食草的爬行动物，它体形很大，有几十米长，生活在白垩纪。事实证明他的结论是正确的，因为他发现的这种动物后来被叫作禽龙。此后，曼特尔对寻找化石这件事的热情也一直未减，他在英国创建了一个庞大的化石收藏库。

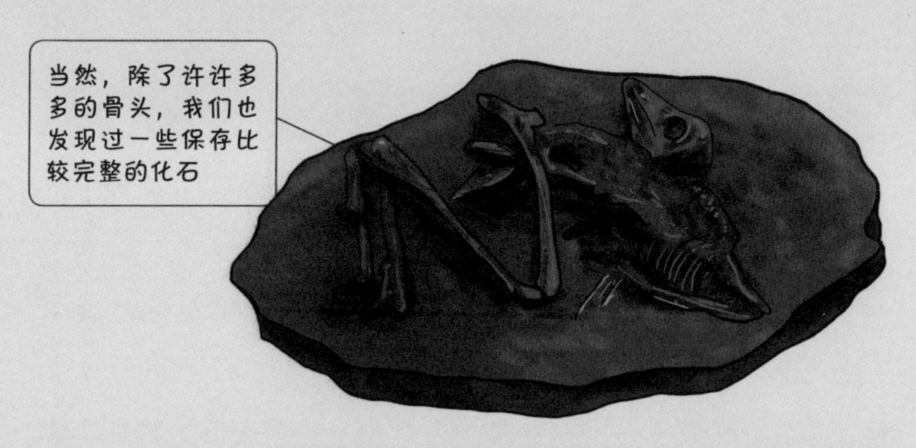

1898 年，人们在美国的怀俄明州发现了一处了不起的宝藏。在这个被称为“骨屋采石场”的地方，有数不清的骨头化石从地下裸露出来，它们的数量之多竟然可以用来搭建起一间小屋子。在最初的时候，人们从这里挖掘出了多达 4500 千克的古代骨头。在接下来的 6 年里，每一年又有成千上万千克的骨头从这里被运出去。

生物学家理查德·欧文

即使理查德·欧文在古生物学上有所成就，但这也掩盖不了他是个心胸极其狭隘（ài）的人，就连他的儿子也评价他有着“可悲的冷酷之心”。作为一名科学家，理查德·欧文的才华是毋（wú）庸置疑的，他创造了“恐龙”这个名称，推动了伦敦自然博物馆的创建；然而作为一个名声在外的大人物，他却利用自己的职权害苦了不少人……

才华横溢的“坏蛋”

1853 年除夕，21 名科学家举办了一场著名的晚宴，坐在餐桌主位上的就是理查德·欧文。欧文出生在英格兰的北部地区，在未进入古生物学这个领域之前，他本打算当个医生。事实证明，他也具备成为一名出色的解剖学家的才能。

早年间，为了研究工作，欧文有时会从尸体上非法取下四肢、器官或别的什么部位，再把它们拿回家里慢

慢地解剖。在他 21 岁时，他搬去了英国伦敦，不久便受聘于英国皇家外科学院，帮助整理那些杂乱的医学标本，并开始在解剖学领域崭露头角——他发表了大约 600 篇关于解剖学的论文！不过，欧文在恐龙方面的巨大成就才是人们铭记他的原因。1841 年，他创造了“恐龙”这个名称。1861 年，他在德国巴伐利亚州发现了始祖鸟，成为人类历史上第一个描述始祖鸟的人。在他的后半生，欧文没能再做出什么像样的研究，但完成了一件非同寻常的事情，那就是推动了伦敦自然博物馆的创建，让普通人也有机会参观博物馆里的那些宝贝。

然而，欧文对人类的无私精神，并没能使他拥有一个宽广的胸襟。事实上，他在自己的一生中使用了很多下作手段来铲

除那些可能会威胁到自己的颇具天赋的人。他究竟干了多少坏事，我们现在已经不得而知了，不过他似乎总能相当坦然地迫害那些自己不喜欢的人，而从来不会受到良知的谴（qiǎn）责。在他的身上，我们见到了人类对科学的热爱与追求，也看到了人性中那相当糟糕的一面。

他干的那些坏事

欧文算不上一个有魅力的人，无论是他阴沉的外表，还是他那冷漠又傲慢的态度，都让人对他敬而远之。据说，达尔文

这位伟大的生物学家、进化论的奠基人，唯一讨厌的人就是欧文。对于达尔文，欧文也没有展露出他作为伟人的宽大胸襟，晚年他花费了很大力气四处游说，只为了反对修建纪念达尔文的雕像。

1857 年，博物学家赫胥黎在翻阅一本医学指南时，发现欧文被介绍为政府采矿学院的比较解剖学和生理学教授——这个职位当时正由达尔文担任。当他向出版社反映这个问题时，他被告知这个信息是由欧文本人提供的。当然，这只是欧文干的坏事之一。早年，当他发现一位名为罗伯特·格兰特的年轻人很有希望成为一位解剖学家时，立刻私下要求研究所不再为这位“未来之星”提供解剖样本，这直接导致格兰特无法再从事自己的工作，之后变得默默无闻。

遭到欧文打击最大的非曼特尔莫属。如果你对上一章的内容还有印象，那你肯定知道曼特尔就是发现禽龙的那个人。1841 年，曼特尔遭遇了一场可怕的事故，欧文趁机立刻着手重新命名了那些已经被曼特尔命名过的物种，并且想方设法阻止他再进行新的研究工作。在曼特尔抑郁自杀后，欧文还在一本杂志上刊登了文章，在文中不仅抹杀了曼特尔发现禽龙这个事实，还评价他是一名不入流的解剖学家。

坏事做尽的欧文当然也不会一直顺风顺水。就在英国皇家学会为了表彰他写的一篇关于“欧文箭石”的论文，而决定授予他英国皇家勋章时，有人指出在 4 年前的一次会议上就已经有位博物学家充分地描述过这种已经灭绝的软体动物，而欧文本人当时就在现场。这件事情让他永远名声扫地。

柯普与马什的激烈对抗

同样是在 19 世纪，远离欧洲的美国发生了一次令人遗憾的对抗，它发生在两个性情古怪的人之间：爱德华·德林克·柯普和奥斯尼尔·查尔斯·马什。尽管这两个人在这场没有硝烟的对抗中相互鄙夷与仇恨，各自都使出了很多不入流的手段，但不可否认的是，他俩一起改变了古生物学界，让人类已知的恐龙种类增加到了将近 150 种！

柯普和马什的恩怨

柯普和马什一开始是朋友，他们相互崇拜，甚至用对方的名字来命名化石种类。然而，不知道出于什么原因，两人没过多久便分道扬镳，还结下了梁子，最后甚至发展出了对彼此强烈的仇恨。负责任地讲，在自然科学领域里再也找不到另外一对欢喜冤家可以像他们这样相互鄙夷对方了。

马什比柯普大 8 岁，是个不喜欢去野外工作的书呆子，但他很富有，钱多到想买什么就买什么，因为他的叔叔是那位富得流油的金融大鳄乔治·皮博迪。当知道马什对博物学有兴趣时，皮博迪为他在耶鲁大学盖了一座博物馆，并支援了他一大笔研究经费。柯普则出生在一个商贾之家，他比马什更富有冒险精神，甚至在战乱时还敢四处乱跑去寻找化石。

在差不多 10 年的时间里，他们的争斗都不是在明面上发

生的，直到1877年发生了一件事情：一天，一个叫作阿瑟·莱克斯的小学老师和朋友徒步旅行时，突然在路边发现了几根骨头，并将其中一些分别寄给了马什和柯普。柯普非常高兴，大方地给了莱克斯100美元，并嘱咐他千万不要把这件事情告诉马什，但莱克斯没能履行承诺，反而让马什把骨头转交给柯普。因此，柯普大大地羞辱了毫不知情的马什，给了他一段永生难忘的糟糕回忆。这件事情也标志着二人的对抗开始升级。

最后，一切尘埃落定

之后，马什和柯普的斗争愈演愈烈，双方的挖掘人员有时候甚至会相互用石头砸对方。有一次，柯普还被人发现正在撬开马什的箱子。两人在文章中也竭力攻击和侮辱对方，贬低对方取得的成果。但是，科学往往是——也许从来都是——在对抗中发展得更快、更有成效。

在马什和柯普之间无休止的对抗中，人类已知的恐龙种类竟然从9种增加到了将近150种，我们现在熟知的剑龙、雷龙、梁龙、三角龙都是由他们之中的一个发现的。然而，由于这两个人的过度努力，有时一种动物会被重复命名很多次，比如他们俩曾“发现”一个名叫“尤因他兽”的物种超过 22 次。当然，他们的整理工作也做得相当草率。

如果非要将二人比个高下，柯普的科学成果显然要更加丰富一些。在他的一生中，他曾先后发表过大约 1400 篇学术论文，描述了大约 1300 种化石——这两方面都是马什成果的两倍还要多。1875 年，由于投资失败，柯普的生活变得困顿起来，在人生的最后十几年里，他住到了费城的一家寄居宿舍里。1897 年，柯普去世了，他的身边摆满了参考书、文献和他所钟爱的化石。1899 年，马什也与世长辞了。

随着欧文、柯普和马什相继离世，19 世纪也走向了尾声。然而，随着这一批伟大的“化石猎人”的离开，寻找恐龙的工作却变得更加如火如荼。进入 20 世纪后，古生物学家有了几吨重的化石可以用来研究，他们看到的将是一段更遥远、更壮丽的历史。

幸运又倒霉的化学家

化学真正成为一门有尊严的科学要追溯到 1667 年。但在那个时候，人们还是会下意识地将化学家与炼金术士混为一谈——

这种情况是完全可以理解的，毕竟就连早期的化学家都没能完全搞懂化学到底是什么。在这个为化学正名的艰难过程中，不少化学家都犯下过愚蠢的错误，有些人甚至因此被直接或间接地送上了西天。

非同寻常的谢勒

1661 年，英国化学家罗伯特 · 玻义耳发表了一篇论文，名为《怀疑的化学家》。这是第一篇区分化学家和炼金术士的论文。然而，想要让世人明白这个身份的转变，还需经历一个漫长而坎坷的过程——这种情况是情有可原的，毕竟化学从诞生之初便一直被炼金术所裹挟。

18 世纪下半叶，瑞典化学家卡尔 · 谢勒登场了。他应该可以算是早期化学家的典型代表——又倒霉又幸运。那时，谢勒并非什么德高望重的科学家，而是一个地位低下的药剂师。几乎在没有先进仪器的情况下，他先后发现了 8 种化学元素：氯、氟（fú）、锰（měng）、钡（bèi）、钼（mù）、钨（wū）、氮和氧。但这并没有给他带来什么名气和财富，因为每一次他的发现要么没有受到重视，要么发表在其他人之后。比如：1772 年，谢勒发现了一种新的元素——氧，但因为种种原因，他未能及时发表自己的这一发现，于是两年以后，约瑟夫 · 普

利斯特里独立发现了同一种元素，人们便将这一功劳记在了普利斯特里的头上。并且，谢勒所发现的许多化合物，比如氨、甘油、单宁酸等，没有一样让他赚到了大笔的财富。

谢勒是个很具有探索精神的人，他对在实验中用到的任何东西都感到好奇，并且坚持要尝一尝它们，这里面包括了一些有剧毒的物质，比如汞、氢氰(qíng)酸。氢氰酸也是谢勒发现的，它是一种非常著名的毒药，只要吸入一点儿就能立即导致人死亡。1786年，43岁的谢勒倒在了自己的工作台旁，他的身边堆满了各种有毒的化学品——究竟是它们中的哪一个造成了谢勒死前脸上那错愕不已的表情呢？

直到临死前，谢勒也没有得到公正的对待，他本应在全世界享有盛誉。事实上，人们更愿意去关注那些有名的、讲着英语的化学家。令人感到心酸的是，在现在的一些教科书上，人们仍把发现氯的功劳给了汉弗莱·戴维，但他发现氯的时间要比谢勒晚36年！

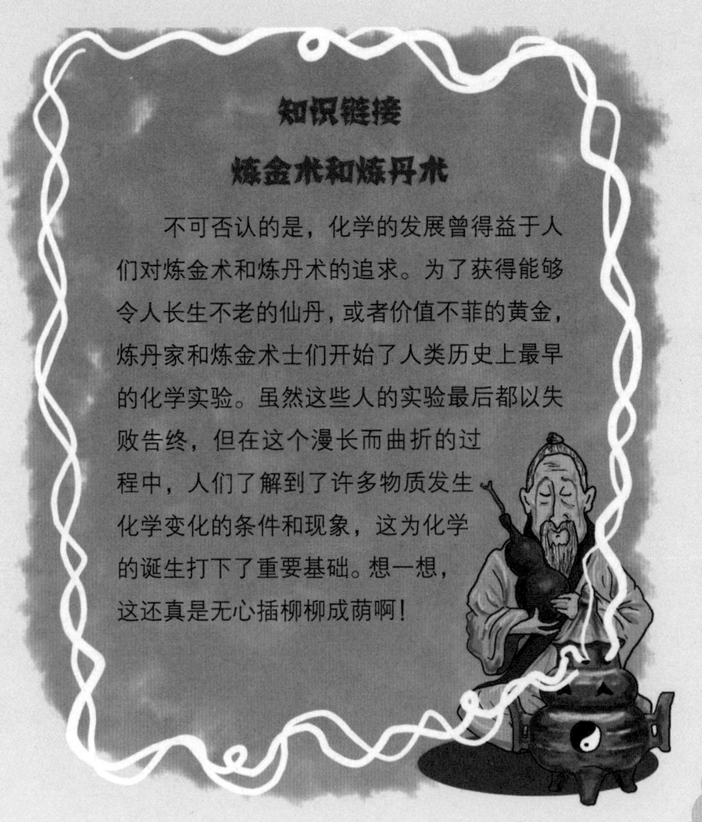

知识链接

炼金术和炼丹术

不可否认的是，化学的发展曾得益于人们对炼金术和炼丹术的追求。为了获得能够令人长生不老的仙丹，或者价值不菲的黄金，炼丹家和炼金术士们开始了人类历史上最早的化学实验。虽然这些人的实验最后都以失败告终，但在这个漫长而曲折的过程中，人们了解到了许多物质发生化学变化的条件和现象，这为化学的诞生打下了重要基础。想一想，这还真是无心插柳柳成荫啊！

上断头台的拉瓦锡

1743年，安托万－洛朗·拉瓦锡出生在法国的一个小贵族家庭中，而这个贵族头衔是他的父亲花了大价钱买来的。成年以后，拉瓦锡开始在一家名为“税务总公司”的机构里工作，并迎娶了他老板的女儿，我们可以称呼她为拉瓦锡太太。这对夫妻都对科学充满了兴趣，在大多数日子里，他们都会抽出时间来一起搞科学研究。之后，拉瓦锡和别人合著了一本《化学命名法》，而这个手册不日将成为统一元素名字的“圣经”。

说来也怪，拉瓦锡终生没能发现一种新的元素，即使他拥有当时天底下最好的私人实验室。而他之所以能名留青史，更主要的原因还是他把别人的发现拿过来，说明了这些发现到底有什么意义。换句话说，他让化学这门科学更严格化、明晰化和条理化了。并且，值得称赞的是，他发现了生锈的东西会变重，而非人们长久以来认为的那样变轻——这在当时可是相当了不起的一个发现！

不幸的是，拉瓦锡的聪明才智并没有在他的政治嗅觉上体现出来。在轰轰烈烈的法国大革命中，一位议员因为拉瓦锡曾参与修建巴黎的城墙，而对他进行了强烈的谴责，要求将他处以极刑。1793 年 11 月，拉瓦锡在与妻子计划出逃英格兰时被捕了。次年 5 月，他与自己的同事一起被带到了革命广场上——在这里，他走上了断头台，以脑袋落地的方式结束了自己的一生。在他去世 100 年以后，一座拉瓦锡的雕像在巴黎落成，而半个世纪以后，这座雕像又在第二次世界大战中被人取走，当作废铁熔化了。

化学是一把双刃剑

化学是一把锋利的双刃剑，将它用对了地方，可以给人们带来可观的财富以及意想不到的便利；将它用错了地方，则会制造出数不清的麻烦，给整个社会带来消极的影响。这一章，我们就来看看早年间化学是如何“翻云覆雨”，一次次拨弄人类社会发展的表针的。

亨内希·布兰德与磷

因为缺少先进的仪器，早期的化学充满了偶然性，很多时候都是哪个人突然冒出了什么古怪而离奇的想法，然后意外

发现了某种化学元素，比如亨内希·布兰德本想从人尿中蒸馏(liú)出黄金却发现了磷。

布兰德是一个德国人，1675年他确信人尿里含有黄金，只不过需要使用某种方法才能把黄金提炼出来。当然，这个肯定不是事实，也许是人尿与黄金类似的颜色给了他一种错觉。总之，布兰德信心满满地收集了50桶人尿，并将它们放入了地窖。几个月之后，通过一些复杂的方法，布兰德将人尿变成了一种半透明的蜡状物——显然，这里面并没有黄金。但是，一件意料之外的事情发生了，这种蜡状物过了一段时间后开始发光，并且当它暴露在空气里时常常会突然自燃起来。很快，这种东西被称作磷。有眼光的商人一眼便相中了它的潜在商业价值，但当时想要大批量地生产它绝非易事。在那个年代，约28.35克的磷大约可以卖到6基尼，差不多相当于今天的300英镑，也就是2600人民币左右。

一开始，为了生产磷，人们号召士兵们提供原料，但这并不能有效缓解磷工业原料短缺的问题。直到18世纪50年代，倒霉的谢勒登场了，他发明了一种新的提炼方法，让磷工业就此远离了人尿。很大程度上就是因为他的这条妙计，他的故乡——瑞典才有机会成为世界上生产火柴的主要国家之一。

令人上瘾的笑气

19 世纪初，英国开始流行吸入一氧化二氮，或称笑气，这是一种无色却有些许芳香气味的氧化剂。因为人们发现，吸入笑气能够让人感到“一种奇特的快感和刺激”，所以在长达半个多世纪的时间里，它成了一种受到很多年轻人青睐的价格昂贵的毒品。当时，甚至有个名为阿斯克森协会的学术团体经常举办所谓的“笑气晚会”，参会的志愿者吸入笑气后会变得恍恍惚惚、摇摇摆摆，观众见到这滑稽的姿态会感到非常有趣。

实际上，笑气之所以会令吸入者感到轻松，甚至不由自主地狂笑起来，是因为它进入人体后会对人的大脑产生强烈的刺激，造成人体的面部肌肉失控，甚至使人丧失痛觉，出现幻听、幻视。吸食笑气成瘾的人的下场大多是瘫痪和死亡。

在英国，有个年轻的化学家名为汉弗莱·戴维，他曾发明了一项技术，就是现在我们常说的“电解法”——让直流电通

过熔融状态下的物质，使其发生化学反应。利用这种技术，戴维接连发现了很多种新的元素，包括钾、钠、镁、钙、锶、铝等。戴维本来可以为人类的化学事业做出更大、更多的贡献，但令人遗憾的是，年纪轻轻的他对吸入笑气这件事上了瘾。据说，他一天就要吸三四次笑气，简直是已经无法离开这种气体了。1829 年，戴维离世了，人们猜测很有可能就是笑气这玩意儿断送了他的生命。

时间来到 1846 年，这时终于有人给笑气找到了一个新用途，那就是在医疗活动中将它用作麻醉药。受益于笑气的麻醉作用，病人在外科医生的手术刀下再也不用忍受痛苦了。

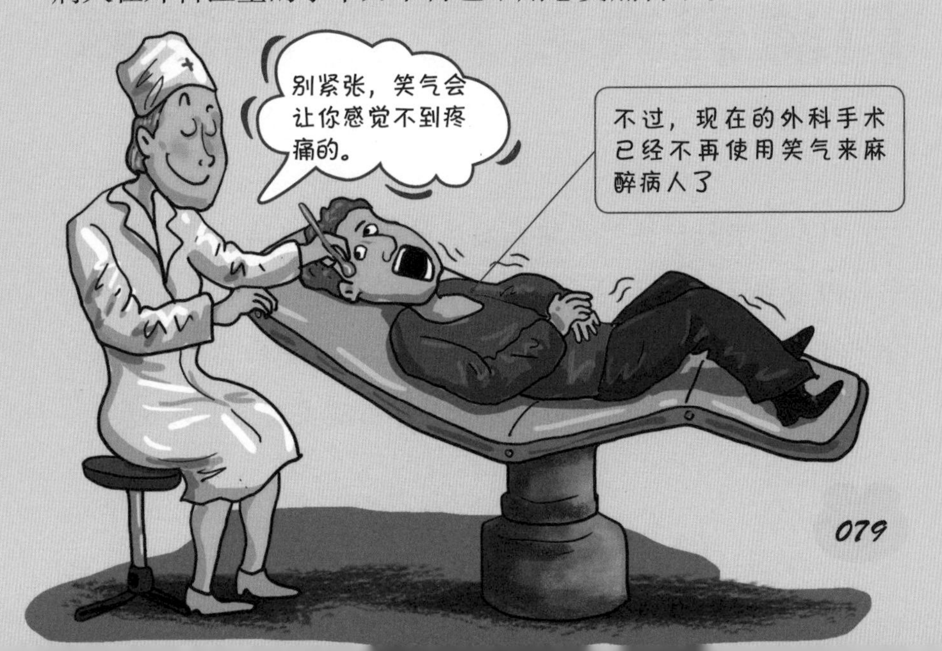

门捷列夫与元素周期表

和其他学科一样，化学在发展过程中也曾陷入一片混乱之中。19 世纪末，由于信息闭塞，在全世界范围内几乎没有哪种分子符号代表的是同一种物质。感谢门捷列夫和其他科学家的努力，要不是他们，这糟糕的局面还不知道要持续多久呢！

混乱的分子符号

对于我们大多数人来说，元素周期表就像是一件美丽而抽象的东西，而对于化学家来说，它的出现却让杂乱无章的元素变得乖乖听话，让一片混沌的化学变得井井有条。

说起来很奇怪的是，在长达几十年的时间里，化学竟然始终都没能成为一门系统的、独立的科学，即使它在人类的工业革命中也出了不少的力气。在早些年，世界各地的科学家甚至还致力于实现一些不可能的事情，比如通过什么方法来赋予那些非生物的物体生命。这种混乱的状态同样也反映在了对化学元素符号的命名和整理上。

19 世纪末，在全世界范围内几乎没有哪种分子符号代表的是同一种物质，比如：一个化学家认为 H_2O_2 表示的是水，另一个化学家却认为 H_2O_2 表示的是过氧化氢（俗称双氧水），一种常用于消毒的无色透明液体；一个化学家认为 C_2H_2 表示的是乙烯（xī），另一个化学家却认为 C_2H_2 表示的是甲烷（俗称沼气）。不仅如此，当时的化学家还热衷于使用各种各样的符号和缩写，尤其是他们自己发明的那些，这让别人很难理解或者猜到他们的真实意图。

尽管也有人偶尔冒出了想要整理这些分子符号的念头，但最后都被各种各样的理由劝退了。直到 19 世纪中叶，一个“天降奇兵”干成了一件大事，这让在一定程度上仍处于混乱状态的化学走向了正轨。这位不修边幅的教授以他那浓密的大胡子而闻名——他的名字叫作德米特里 · 伊凡诺维奇 · 门捷列夫。

发明元素周期表

1869 年，时年 35 岁的门捷列夫开始琢磨起元素的排列方法。当时，人们经常用两种方法排列元素，一种是按照原子量，一种是按照普通的性质，而门捷列夫的创新之处就在于，他把二者完美地合并在了一张表格上。

实际上，从严格意义上来讲，门捷列夫并不是第一个发现这种方法的人，因为在 3 年前一位来自英格兰的业余化学家就已经提出过。这个人名为约翰 · 纽兰兹，他认为如果元素按照原子量来进行排列，它们似乎每隔 8 个位置就会重复某些特点，就像是钢琴键盘上的八度音阶，他将这种方法取名为“八度定律”。显然，纽兰兹还没有做好充足的研究，就不大聪明地说出了自己的想法。在集会上，听众时不时就会开玩笑地问他，能不能用他的元素来弹个小曲儿给大家听一听。最后，备受打击的纽兰兹放弃了自己的研究。

门捷列夫不会再和纽兰兹犯一样的错误，他把每 7 个元素编成一组，但使用了完全相同的前提——这个方法比纽兰兹的要高明许多，视角也更清晰。据说，这项被称为“周期表”的发明的灵感来源于北美洲的单人扑克牌游戏。据说，门捷列夫从小就喜欢玩扑克牌。在这种游戏中，人需要按照花色将扑克

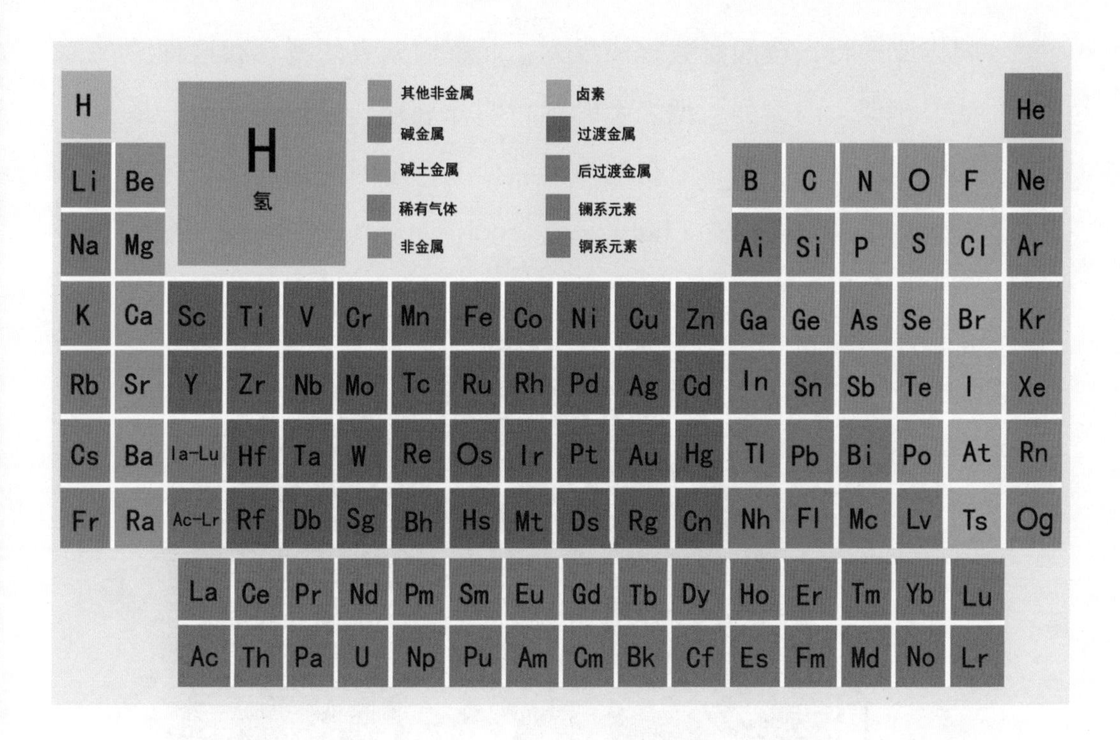

牌排成横行，按照点数排成纵列。元素周期表的概念和这种游戏很相似，门捷列夫把表上的横行叫作周期，纵列叫作族。举两个例子：铜、银、金在同一个纵列上，是因为它们都具有金属的化学亲和性；氦（hài）、氖（nǎi）、氩（yà）在同一个纵列上，是因为它们都是气体。1869 年春天，门捷列夫正式撰写

论文，非常自信地发表了元素周期表。值得一提的是，除了当时已发现的 63 种元素，门捷列夫还在表上留下了四个空位，因为当时他认为还存在四个尚未被发现的元素。

门捷列夫的一生

1955 年，人们将发现的第 101 号元素命名为钔，以纪念门捷列夫为化学这门科学所做的巨大贡献。给门捷列夫写过传记的美国作家保罗·斯特拉森曾评价道："这真是太恰当了，因为钔是一种不稳定的元素。"

1834 年，在俄罗斯西伯利亚西部的一个地方，门捷列夫出生在一个比较富裕的家庭里。根据一些资料，人们认为门捷列夫可能有 13 个或 16 个兄弟姐妹——门捷列夫应该是这个大家庭里年龄最小的那一个。他的父亲本来是当地一所小学的校长，但在门捷列夫很小的时候，他的父亲就双目失明了，因此他的母亲不得不外出工作来养活这一大家子，这位坚强的女性最后成为一家玻璃厂的经理，然而，1848 年，因为玻璃厂发生了大火，他的母亲不幸丢了工作，这使得门捷列夫一家再次陷入贫困之中。但即便如此，他的母亲还是下定决心要让自己的小儿子去接受教育。在将他送入圣彼得堡的教育学院后，这位值得尊敬的女性很快因积劳成疾去世了。

门捷列夫勤勤恳恳地完成了自己的学业，并就职于当地的一所大学。一开始，他那乱蓬蓬的头发和胡子要比他的才华更加有名。换句话说，他是一个非常负责的化学家，只不过一直没能研究出什么突出成果来，直到他发明了那张伟大的元素周期表。

知识链接

门捷列夫的另一面

你以为这位伟大的化学家只是个书呆子吗？不，他的人生远比我们想象的还要精彩得多！门捷列夫曾坐船去北极进行科考活动，并留下了几十篇关于北极的论文，后来人们更是以他的名字命名了北冰洋的一条海底山脉。除了痴迷北极，门捷列夫也对天空充满了好奇，他曾独自一人乘坐热气球，飞到距地 3000 米的高空收集数据，并在这里亲眼见证了一次日食现象。当然，他还是个相当有才华的设计师，在当时，他设计的箱包受到了人们的广泛欢迎。

随着年华老去，门捷列夫的性情变得越来越古怪。他拒绝承认放射性现象、电子以及其他很多新鲜东西的存在，也很难和别人好好相处——这问题出在他自己身上。在他人生最后的几十年里，无论在欧洲的哪个地方，他总是火冒三丈地退出实验室和课堂。1907 年，门捷列夫去世了，但他留下的那张元素周期表至今仍在发光发热。

奇特的放射性元素

19 世纪末，化学家从大自然那里收到了一个重要的惊喜。这件事情还要从 1896 年的一天说起：亨利·贝克勒尔在巴黎不小心把一包铀（yóu）盐忘在了抽屉里。这个粗心的举动后来引发了化学史上的一场大变革，因为人们惊讶地发现有些岩石竟然能源源不断地释放出庞大的能量！而随着放射性元素钋和镭被发现，有些人的生活也被改变了……

铀是制造原子弹的重要原料

神秘射线与玛丽·居里

当19世纪临近尾声时，法国科学家贝克勒尔粗心地把铀盐和被黑纸包住的感光板放在了一起。感光板是一种经常被用于印刷行业的特殊材料。等到过了一段时间，当贝克勒尔去拿抽屉里的感光板时，惊讶地发现铀盐竟然在上面烧了个印子，就像是让感光板曝过了光一样。于是，贝克勒尔马上敏感地察觉到：铀盐会释放某种射线。考虑到这项发现的重要性，贝克勒尔干了一件出乎意料的事情：他找到一位新来的波兰移民——玛丽·居里，后来人们更经常称呼她为居里夫人，让她对这种未知射线进行调查。

玛丽·居里，这位了不起的波兰裔法国籍女物理学家、化学家出生在一个并不富裕的家庭里。在那个年代，人们对女性有着很大的歧视，但好在她的父亲和姐姐帮助她获得了一个去巴黎求学的机会。然而，即使玛丽已经过得非常节俭，她也依旧摆脱不了赤贫的状况。就在她差点儿要饿死在巴黎街头时，她幸运地遇见并嫁给了皮埃尔·居里。当时，皮埃尔正就职于巴黎大学的物理实验室。

居里夫妇与放射作用

接到贝克勒尔的任务后，皮埃尔与玛丽夫妇二人合作，发现有的岩石会源源不断地释放出大量的能量，而不会改变自己的体积或者发生可以检测到的变化。玛丽将这种现象称为“放射作用”。1898 年，他们二人又一起用沉淀法从沥青铀矿中提炼出了两种新的元素——镭和钋。玛丽以她的祖国波兰来命名了钋。1903 年，皮埃尔与玛丽以及贝克勒尔一起获得了诺贝尔物理学奖。但这时，皮埃尔已经因为经常接触放射性物质而出现了放射病的典型症状，比如骨头里隐隐作痛、身体经常出现不舒服的感觉。然而，放射病却并不是他真正的死因，尽管如果一直不断加剧下去，这些病症迟早有一天也会要了他的命。1906 年 4 月 19 日，皮埃尔在巴黎过马路时被一辆飞驰而来的马车撞飞出去，不幸遇难。在他死后，悲伤的居里夫人将两人未完的研究继续下

去，并于 1911 年获得了诺贝尔化学奖，成为人类历史上既获得化学奖又获得物理学奖的唯一一人。1937 年 7 月 4 日，居里夫人因病逝世，她与丈夫皮埃尔·居里一起被埋葬在法国巴黎的先贤祠。因为终日与放射性元素为伴，她的尸体至今仍充满放射性。据说，她的棺椁（guǒ）里放置着厚厚的一层铅，用以阻隔里面的射线。

卢瑟福的新发现

在蒙特利尔的麦吉尔大学，一位年轻学者对新的放射性材料产生了兴趣，他的名字叫作欧内斯特·卢瑟福。卢瑟福与自己的同事弗雷德里克·索迪一起，发现世界上存在着一些物质，它们只要很少一点儿就能释放出巨大的能量，而地球的大部分热量都来自这种储备的放射衰变。除此之外，他们还找到了地地道道的“炼金术”——放射性元素衰变后会成为别的元

素，比如铀原子经过一段时间后会变成铅原子。这在当时可是非同寻常的一个发现。

在这些发现中，卢瑟福敏锐地注意到：无论哪种放射性物质，其一半衰变成其他元素的时间总是一样的，绝对不会随外部因素而发生改变——著名的半衰期——这种稳定而靠谱的衰变速度犹如一只正在计时的钟表。如果我们能计算出一种材料现在有多少放射性物质，在以多快的速度衰变，那么就可以

知道它大约多少岁了。卢瑟福测试了一块沥青铀矿石，发现它的年龄大约是 7 亿年，这比大多数人认为的地球的年龄还要老得多。

1904 年，卢瑟福在英国皇家科学研究所开了一个讲座，当时年迈的开尔文作为听众之一也在场。卢瑟福拿出那块沥青铀矿石，向众人讲述了自己的新发现，他认为地球的年龄要比开尔文计算出来的结果——2400 万年还要古老。然而，开尔文对这个新的发现无动于衷，尽管他一直礼貌地保持微笑。实际上，直到死去那天，开尔文也拒绝修改那个数字，并且认为自己对人类最重要、最有眼光的贡献就是自己估算出了地球的年龄。

知识链接

切尔诺贝利事件

不管谁提起人类历史上的核泄漏事故，都无法避开发生在苏联时期的切尔诺贝利事件。该事件至今依旧被认为是人类历史上最严重的核泄漏事故。1986 年 4 月 26 日凌晨，切尔诺贝利核电厂的第四号反应堆发生了连续的大爆炸，致命的放射性物质泄漏在外，有 31 人当场死亡，使得不计其数的人受到了辐射的伤害。之后，苏联政府为了减小事故后果，耗费了难以想象的人力和物力。直到今天，荒废许久的切尔诺贝利核电站及其周边数十千米区域仍静谧如鬼城，几乎见不到什么人影。

无知引发的悲剧

有好几年的时间，人们都对镭所释放的射线充满了狂热的崇拜，并且一厢情愿地认为这种神秘的能量一定能派上大用场。于是，嗅到商机的商人们无视居里夫人的劝告，一拨接一拨地推出了各种各样的含镭产品，其花样之多令人惊叹不已！当然，这场狂欢的结局可想而知，不计其数的人罹（lí）患放射病，在痛苦中挣扎不已……

一场危险的狂欢

镭释放的射线虽然能杀菌消毒，但同样也能杀死人体里的正常细胞——这是人们目睹了很多悲剧后才意识到的。虽然居里夫人曾出于好意而警告世人：“这种新元素我们还不熟悉，需要谨慎对待它。”但是，当时人们还是为镭所拥有的这种神秘能量而万分倾倒，甚至将这种射线称为“天使射线”。

各色含镭产品被相继推出，首先是含镭的化妆品，之后是含镭牙膏、含镭玩具、含镭巧克力和含镭香烟等。当然，这场狂欢的主角可不只有镭而已。有好几年时间，牙膏和通便剂的制造商在自己的产品里加入了同样具有放射性的钍，这是一种银白色的金属元素。20 世纪 20 年代，美国纽约州芬格湖地区的一些宾馆甚至还推出了“放射性矿泉”，并吹捧其疗效。可以说，这场失去理智的狂欢让商人们赚得盆满钵满，但也在不少人的身体里埋下了一枚不知何时就会爆炸的定时炸弹。

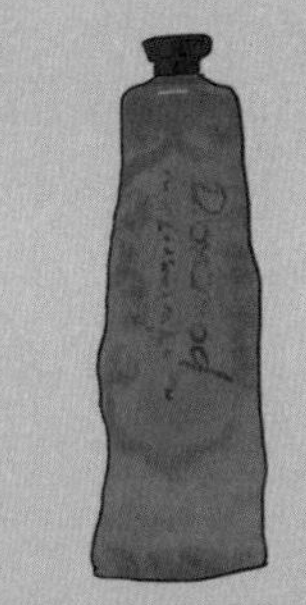

含镭牙膏

含镭香烟

含镭化妆品

含镭补充剂

含镭玩具

可怕而冷血的杀手

当然，历史上绝非只有镭这一种元素曾给人类带来巨大的伤害，下一章提到的铅，同样在人类无知的追捧下，给很多人带来了不可磨灭的痛苦，无论是身体上还是精神上。

直到 1938 年，美国才开始禁止在消费品里添加放射性物质。但这个时候，对于很多人，包括居里夫人来说，已经为时已晚。作为巴黎大学第一位女教授，也是获得两次诺贝尔奖的第一人，居里夫人最终因接触放射性物质而罹患白血病，并于 1934 年在巴黎去世。事实上，直到今天，当你阅读这段内容的时候，翻动居里夫人在实验室里保存下来的文献甚至是烹饪书依旧是件非常危险的事情。她实验室里的图书被保存在用铅皮做里衬的箱子里，不管是谁想看这些书都必须穿上厚厚的防护服才行。

放射性物质的危害程度和持续时间都远超我们的想象。

放射性物质释放出的射线可以破坏人体的中枢神经系统、神经内分泌系统和血液系统。因此，一旦人患上了放射病，就会出现全身性疾病，包括但不限于食欲减退、呕吐、腹泻、共济失调、全身衰竭、肢体震颤、头晕目眩、皮肤萎缩、休克等。并且，人类目前还没有发现可以治愈这种可怕疾病的方法。其实不仅仅是化学，很多科学都是一把双刃剑，用不好就会危害人类自身的安全和健康。因此，对于新兴的科技，我们一定要保持最起码的敬畏之心。

感谢第一代原子科学家的献身精神，他们不惧危险的工作，帮助人类一点一点地接近了地球隐藏起来的那些秘密，让20世纪初的人们越来越清楚地意识到：科学很快就要进入一个崭新的时代——原子时代。

知识链接

可怜的“镭姑娘”

在20世纪30年代，制造手表的工厂雇用了一些年轻的女孩，让她们给手表表盘和指针涂上含镭的夜光颜料，人们把她们称为“镭姑娘”。没过几年，这些女孩就相继出现了关节疼痛、脱发、流鼻血、脖子肿大等症状，进而丧失了劳动能力。这件事引起了社会的广泛关注，但她们却没能及时得到应有的赔偿——事实上，这些钱已经改变不了什么了，大多数“镭姑娘”都没能活过20岁，并且直到死后数年，她们的尸体还在散发着令人毛骨悚然的荧光。

杀人不见血的铅

每当有新东西出现时，人们总是需要一段时间来考验它的利害，比如诞生于20世纪20年代的加铅汽油。尽管当时大家已经知道铅这种东西是十分危险的，但在发明人小托马斯·米奇利和乙基汽油公司的推波助澜下，有毒的加铅汽油还是照常流入了市场，为无数家庭带来了空前的健康危机……

破坏了实验的铅

在另一本书中，我们曾提到过一位名为克莱尔·彼得森的地质学家，他利用同位素法最早测定了地球的年龄约为45.5亿年。在测量地球年龄的实验中，彼得森一开始将目光锁定在了岩石上，但他很快发现自己的实验样本全部都被污染了，而且还污染得十分严重，甚至大多数样本里面的铅含量超过了正常浓度的大约200倍！后来，彼得森渐渐意识到这是因为自己的样本接触了空气，而污染源便是大气里的铅。正是出于这个原因，他最后建立了世界上第一个无菌实验室（这一点仍有争议）。

在测定完地球的年龄后，彼得森飞快地将注意力转移到大气里铅的问题上。他惊讶地发现，当时人们几乎根本不了解铅会对人体产生怎样的影响，或者即使知道一丁点儿也都是错误

的。而产生这种情况的原因是，在40年间，所有关于此类问题的每项研究，全都接受了铅添加剂的制造商们的资金支持。你可以想象一下，作为消费者的普通人在这样的环境下想要获得足够的、正确的信息有多么困难！在与这些铅工业及其利益集团的斗争中，彼得森付出了常人难以企及的毅力与勇气。

可怕的铅中毒

过了许多年后，彼得森终于找到了污染岩石样本的“真凶”——给他制造了麻烦的人叫作小托马斯·米奇利，就是这个男人发明了“臭名昭著”的加铅汽油和氯氟烃（tīng）。氯氟烃在最后一章我们会细讲，现在先来说一说有毒的加铅汽油。

20世纪初期，人们隐约知道铅是一种很危险的物质，但它还是以各种形态存在于人们的日常生活中——这种情况很不同寻常。当时，几乎每一件产品或多或少都带点儿铅，比如铅皮罐、杀虫剂、牙膏管等，但是人们接触时间最长的、接触机会最多的还要属加铅汽油里的铅。你可千万不要小瞧这种金属元素！从医学上来说，铅是一种十分可怕的神经毒素。人类一旦将铅摄入体内便很难再排出，而当体内铅的含量过高时，我们的大脑和中枢神经系统就会遭到严重破坏！铅中毒的病人会出现很多病症，比如失明、失眠、肾功能衰竭、失聪、瘫痪、癌症、手脚抽搐、精神失常等。并且，这些病症很难得到有效的治疗，一般都将终身伴随铅中毒的病人，给他们带来无尽的痛苦与折磨。

乙基汽油公司与米奇利

因为铅很容易提炼和开采，所以铅工业那时是个利润可观的香饽饽（bō）。1923 年，美国三家最大的公司——通用汽车公司、杜邦公司、新泽西标准石油公司成立了一家合资企业，名为乙基汽油公司。这家公司专门生产防止发动机爆震的四乙基铅。很快，一线工人就出现了铅中毒的初期症状，但乙基汽油公司却无动于衷，在明知真相的情况下对外宣称："这些人之所以精神失常，很可能是因为工作太辛苦了。"于是，悲剧就这样一出接一出地反复上演。

1924年，在几天的时间里，因为工厂通风不良，有5名工人死亡，35名工人终身残疾，随之而来的便是人们对有关新产品的安全性的质疑。作为加铅汽油的发明人，米奇利也被巨额的利益冲昏了头脑，丝毫不介意为虎作伥。虽然他知道加铅汽油会对人体产生危害，但他依旧厚着脸皮、昧着良心在公众面前进行了一次现场表演。他不仅往自己手上泼洒加铅汽油，还把鼻子凑到这类汽油边上闻，试图以此说服人们铅不会对身体产生伤害。然而实际上，他刚刚才从一场大病中康复，而病因就是他接触了太多的铅。

后来，米奇利患上了脊髓灰质炎，俗称"小儿麻痹（bì）症"，因病瘸了一条腿。于是，他发明了一个机械装置来帮助自己在床上翻身。1944年的一天，当这个机械装置启动时，米奇利意外被绳索绞住了脖子，不幸窒息而死。

知识链接

用来提取铅的矿石：方铅矿

在马路上，你肯定见过那些来来往往的电动自行车，它们所使用的蓄电池里就含有铅。虽然铅具有毒性，但我们的生活却离不开它。方铅矿是一种很常见的矿物，现在经常被人们用来提取铅。方铅矿通常看起来像是一堆灰色的有条纹的石头，总是泛着冷冰冰的金属光泽，一眼看上去会给人一种很脆、不结实的印象。世界上著名的方铅矿产地包括美国、英国、德国、澳大利亚、中国等。

把铅撵出去

虽然地质学家彼得森已经察觉到加铅汽油的威胁，但想要把铅撵出汽油却还是一件需要冒险的事情，因为与铅工业密切相关的利益集团势必会处处阻挠他，比如乙基汽油公司。在这段漫长的缠斗过程中，彼得森不仅遭受了数次排挤与责难，还差点儿被赶出加州理工学院。幸好，他从来都没有动摇过，这才让事情有了一个好结果。

一次毫无价值的实验

如今，我们已经知道：当铅进入人体时，人体很难依靠自己将它排出体外，于是就这样不断地累积，再累积，直到它超过了人体的正常储存量，最后——“砰”的一声，如同埋在身体里的一颗炸弹似的，对人的生命造成致命的伤害。但是，在彼得森生活的年代，人们可不像我们有这么好的运气可以知道这些信息。

过去，在一项调查铅对人体的影响的研究中，一名没有受过专门训练的医生承担了一个五年计划。当然，这个计划的费用全都是由铅添加剂的制造商们支付的。这名医生先让志愿者们吸入或吞下越来越多的铅，然后对他们的排泄物进行化验。

正如你所了解到的那样，这项实验就是个彻头彻尾的闹剧，因为这名医生似乎根本不明白铅的危险之处——铅只会在志愿者的骨头和血液中不停地累积，而不会被人体作为废物排泄出去。这名医生有意或无意地没有检查志愿者的骨头和血液，便公布了自己的结果：铅，对人体健康毫无影响。

残酷而顽强的斗争

事实上，彼得森很久之前就确认，大气里出现的那些铅大多数都来源于汽车尾气。但是，他无法证明自己的这个观点。于是，他想到了地球上的冰核可能会为他提供证据。在格陵兰岛这样的地方，因为气温很低，常年冰雪覆盖，而季节温差又使冬季到夏季的积雪颜色多有不同，所以每年的积雪层次都很分明。彼得森想到，只要测量一下这里每一层积雪里的铅的含量，就能知道在过去几百年甚至几千年里地球大气层里铅的浓度。在对冰核的研究中，他发现了这一危险的事实：1923年之前，大气层里几乎没有铅，而自此以后铅的浓度却逐年攀升。了解到事态的严峻性后，彼得森开始了把铅撵出汽油的抗争之旅。

乙基汽油公司是一家势力很大的公司，它的董事当中甚至包括了政府官员和地质学界的名人。在针对铅工业及其利益集团发表了一些激烈言辞后，彼得森突然发现自己成了被排挤的对象：研究资金要么被收回，要么很难获得；美国石油研究所和美国公共卫生署取消了与他签订的合同；很多官员向加州理工学院董事会成员施压，希望让他闭嘴或者卷铺盖走人……最可笑、最荒唐的一件事情是，被美国政府指派来调查大气中铅的问题的研究委员小组，竟然将彼得森排除在外了。要知道，

彼得森当时可是美国大气铅问题的主要专家啊！

但是，彼得森仍没有屈服，他继续为了自己的目标而毫不动摇地努力着。

最后的结果

多亏了彼得森的努力，美国颁布了1970年的《洁净空气法》，并于1986年终于停止销售一切含铅汽油。美国人血液里的铅浓度几乎立刻下降了大约80%！接下来，美国又禁止了在家用油漆中添加铅。但令人感到惊讶的是，美国于1993年才禁止在食品罐头上使用焊铅，而这时大多数人已经知道铅是一种要命的神经毒素了。当然，大气层中铅和美国人血液里的铅依旧存在，正如我们之前所说的那样，铅是一种非常不容易消除的“性格执拗”的物质。与一个世纪前的人相比，今天的美国人血液里的铅浓度要高出大约625倍。

至于乙基汽油公司，它依旧在蓬勃地发展着，只不过它不再生产加铅汽油了——当然，你也不会在它的网站上看到关于这段历史的详细记载。乙基汽油公司至今在它的网站上对铅和米奇利绝口不提，只是简单地说到了自己原先制造的产品中含有“某种化学混合物”。目前来看，铅中毒在现代社会中还是比较少见的，但仍有一些在工作中需要接触重金属的工人会存在中毒的隐患——现在工人的工作中环境要比过去工人的好太多了！

奋斗了大半辈子的彼得森于1995年去世。虽然他计算出了地球的年龄，还对环保事业做出了杰出的贡献，但他生前却并没能获得诺贝尔奖——地质学家没有评选资格。而且，人们似乎对他并不熟悉，尽管很多人认为他应是20世纪最有影响力的地质学家。事实上，大多数地质学教科书都没有花费太多笔墨在他身上，更有甚者，2001年《自然》杂志发表了一篇文章，里面把彼得森误认成了女性。如果你对地质学很有兴趣，不妨更深入地了解一下克莱尔·彼得森，说不定会有新惊喜在等着你！

“糟糕”的发明：

氯氟烃

要说人类历史上最糟糕的发明是什么，那氯氟烃一定榜上有名！氯氟烃是人工制造出来的一种有机化合物，在至少半个世纪的时间里，它常被用来制造冰箱制冷剂、除臭喷雾剂、汽车空调剂等产品。这种玩意儿虽说不会对人体造成什么伤害，但能轻而易举地破坏掉对地球生物极其重要的臭氧层。

破坏臭氧层的“小恶魔”

加铅汽油的大卖让米奇利备受鼓舞，他接着又将自己的精力投放到了解决另一个技术难题上。在 20 世纪 20 年代，冰箱所使用的制冷气体通常都是有毒而危险的，并且时常会发生气体泄漏的情况，这给使用者带来了很大的安全隐患。米奇利想发明一种即使人体吸入也很安全的气体，它最好是稳定的、不易燃的、没有腐蚀性的。于是，氯氟烃诞生了。

20 世纪 30 年代初，氯氟烃投入生产，并很快被大家愉快地接受了。此后，不管是冰箱制冷剂、除臭喷雾剂，还是汽车空调剂，在很多产品里都能见到它的身影。但是，直到半个世纪以后，人们开始逐渐意识到一个可怕的事实：氯氟烃正在吞噬平流层里的臭氧。

臭氧是一种很奇特的东西，它的化学性质有点儿古怪。在地面上，适量的臭氧可以起到杀菌消毒的作用，过量的臭氧则会威胁到人们的生命——这都是小事，它真正的用处得在天上

才能发挥出来。在高高的平流层中，均匀分布的臭氧能吸收掉危险的紫外线，保护地球上的生物不受太阳辐射的伤害，但它只能形成大约 2 毫米那么薄的一层——只要稍微一扰动，它就会出现大问题！并且，当一个地方的上空出现臭氧层空洞时，生活在那里的生物将会遭受难以预料的负面影响。

但是，氯氟烃的发明者——米奇利永远都不会知道自己究竟给人类带来多大的麻烦了，因为在人们知道这玩意儿可以毁灭脆弱的臭氧层时，他已经与世长辞了。

难以清除的祸害

氯氟烃这种气体对臭氧层的破坏超乎了你的想象。1 千克氯氟烃能在大气层里捕捉和消灭 7 万千克臭氧！并且，氯氟烃悬浮的时间非常持久，它能够在大约 1 个世纪的时间里不停地搞破坏。但你以为这种气体就只会破坏臭氧层吗？那你未免也太小看它——这个差不多是 20 世纪最糟糕的发明了！实际上，1 个氯氟烃分子增加温室效应的本事，要比二氧化碳分子强 1

万倍左右。

1974 年，美国开始禁止使用氯氟烃，这比禁止使用加铅汽油早了大约 10 年。但即使如此，氯氟烃这个极其顽固的“小恶魔”，人类想要从大气层中根除它简直比登天还要难！事实上，之前排放到天上的那些氯氟烃，等我们这些人都驾鹤西去了很久以后，仍然会继续在臭氧层中到处搞破坏——没人知道还需要多久才能彻底解决这个问题。另外再提一嘴，因为受到经济和科技的限制，一些国家直到 2010 年才禁止生产这种东西。也就是说，在氯氟烃被发明出来以后，人类在大约 80 年的时间里一直在向天上排放这种玩意儿！

知识链接

危险的臭氧

因为臭氧具有很强的消毒除臭能力，所以人们经常利用它来净化室内的空气。臭氧虽好，但如果人体大量吸入了它，就会出现咽喉肿痛、胸闷咳嗽、头晕头痛、视力下降、记忆力衰退等多种症状，还会引发神经中毒、支气管炎、肺气肿和淋巴细胞染色体病变，甚至导致孕妇腹中的胎儿发育畸形。

图书在版编目（CIP）数据

万物简史. 瑰丽的科学 / 徐国庆编著；高帆绘. --北京：北京理工大学出版社，2024.6
（孩子们看得懂的科学经典）
ISBN 978-7-5763-3822-5

Ⅰ. ①万… Ⅱ. ①徐… ②高… Ⅲ. ①自然科学—少儿读物 Ⅳ. ①N49

中国国家版本馆CIP数据核字（2024）第079217号

责任编辑：徐艳君　　文案编辑：徐艳君
责任校对：刘亚男　　责任印制：施胜娟

出版发行 / 北京理工大学出版社有限责任公司
社　　址 / 北京市丰台区四合庄路6号
邮　　编 / 100070
电　　话 / （010）68944451（大众售后服务热线）
（010）68912824（大众售后服务热线）
网　　址 / http://www.bitpress.com.cn

版 印 次 / 2024年6月第1版第1次印刷
印　　刷 / 天津鸿景印刷有限公司
开　　本 / 710 mm×1000 mm　1/16
印　　张 / 7.5
字　　数 / 74千字
定　　价 / 118.00元（全3册）